高等学校网络空间安全专业系列教材

U0384620

# 信息安全导论

曹健 主编

清华大学出版社
北 京

## 内 容 简 介

本书化繁为简,将众多信息安全威胁归纳为 4 类——截取、篡改、伪造、中断。针对这 4 类威胁,由浅入深地介绍了相应的技术手段——加密技术、完整性技术、认证技术和网络防御技术。通过 9 章的内容,读者可以系统地了解这些技术是如何出现的、基本原理是什么、达成的效果如何。

本书既可以作为信息安全、网络空间安全、计算机类专业的信息安全导论课程教材,也可以供相关专业的技术人员或科普爱好者参考。

**图书在版编目(CIP)数据**

信息安全导论/曹健主编. —北京:清华大学出版社,2022.9(2024.8重印)
高等学校网络空间安全专业系列教材
ISBN 978-7-302-61714-3

Ⅰ.①信…　Ⅱ.①曹…　Ⅲ.①信息安全-高等学校-教材　Ⅳ.①TP309

中国版本图书馆 CIP 数据核字(2022)第 155929 号

责任编辑:谢　琛　战晓雷
封面设计:傅瑞学
责任校对:韩天竹
责任印制:沈　露

出版发行:清华大学出版社
　　　　　网　　　址:https://www.tup.com.cn,https://www.wqxuetang.com
　　　　　地　　　址:北京清华大学学研大厦 A 座　　　　　邮　　编:100084
　　　　　社 总 机:010-83470000　　　　　邮　　购:010-62786544
　　　　　投稿与读者服务:010-62776969,c-service@tup.tsinghua.edu.cn
　　　　　质量反馈:010-62772015,zhiliang@tup.tsinghua.edu.cn
　　　　　课件下载:https://www.tup.com.cn,010-83470236
印 装 者:三河市铭诚印务有限公司
经　　　销:全国新华书店
开　　　本:185mm×260mm　　　印　　张:10.25　　　字　　数:237 千字
版　　　次:2022 年 11 月第 1 版　　　印　　次:2024 年 8 月第 3 次印刷
定　　　价:49.00 元

产品编号:096843-01

前言

随着信息技术的不断发展和信息产业的空前繁荣,信息安全的重要性愈发凸显。近些年,黑客攻击、计算机中毒、账号被窃、资料泄露、信用卡盗刷等恶性事件频发,对社会的正常运转和人们的日常生活都构成了极大的威胁。前沿科学技术的发展,比如物联网、大数据、云计算、深度学习、智能驾驶,也都需要考虑各类信息安全问题。这就给所有人提出了新的挑战——必须具备信息安全方面的基本技能与核心素养。

信息安全涉及的知识领域非常广泛,比如数学、物理学、计算机科学、电子信息、心理学、法律等,是一门典型的交叉学科。虽然人们都希望了解信息安全的相关理论和技术,但横亘在人们面前的是两座难以翻越的大山——复杂的专业术语和深奥的数学知识,这也是我在北京工商大学讲授"信息安全导论"课时发现的难题。

这些年市面上关于信息安全的教材已有很多,我在这十多年的教学过程中也翻阅过上百本图书,但一直没有找到一本特别容易阅读、适合普通读者理解的入门教材。大部分教材对于基础扎实的信息安全相关专业高年级学生来说比较合适,但对于数学功底不深的非相关专业本科生来说还是有些难度。

未来,有竞争力的人才必须具备基于专业的跨界能力。我们尤其缺乏有专业深度的通才。所以,在完成几轮"信息安全导论"课教学之后,我就开始整理手头的材料,打算完成一本能供各专业的学生轻松入门、从零开始的教材,并在"信息安全导论"课程的教学改革中做出以下有益尝试。

一、学习一个新领域的知识,多半要从了解其背景开始。对普通人来说,只有知道了由来、应用和意义,与自己的生活体验紧密联系起来,才能真正引发兴趣,理解起来才更加容易。多年来的教学实践表明,兴趣是第一位的,思维方式的转变是最为关键的。这并不是说具体的理论与技术不重要,而是说,当读者有了兴趣、转变了思维方式之后,自然会去学习和钻研。

二、每个人都有安全意识,只不过零散地存在于头脑之中,缺少系统化的整理。作为"信息安全导论"课程的教材,本书着重梳理这一学科的脉络,避开一些技术细节,以免读者因为信息冗杂而产生认知负担。毕竟,先搭起框架,再深入了解每一个技术细节就会变得轻松一些。

三、学习信息安全的相关理论和技术并不需要很高的数学水平,只要着眼于理论与现实的内在联系、技术与生活的紧密结合,即使仅有中学的数学基础,也可以掌握信息安全的大多数内容。需要进一步解释的地方,已经通过附录的形式列于本书最后。至于正文中的扩展阅读内容和脚注,可供有兴趣的读者选读,直接跳过也不会影响对本书整体内容的理解。

感谢北京工商大学计算机学院(网络空间安全学院)的大力支持,使得我在教学和科研工作之余得以完成本书。由于作者的精力、能力有限,本书出现一些错误在所难免,一些内容也只是个人观点。不过,正如吴军博士所说的那样:"写书的目的是抛砖引玉,引起读者的思考,而不只是为了灌输内容。"

在写作过程中,我参考了大量信息安全方面的文献。可以说,没有前人的贡献,就没有本书的诞生,在此,向相关文献的作者表示由衷的感谢。也希望本书能成为这些经典的先导读物。

曹 健

2022 年 7 月

于北京工商大学

# 目 录

# 第1章

# 安全: 人类永恒的旋律

安全重于泰山,防范必于未然。

——互联网搜索结果

安全是所有生物的本能欲望。比如,很多植物在身上布满尖刺,目的就是给敌人一个下马威,保护自身的安全;单细胞动物可以察觉到周围的酸碱度是否合适,随时准备移动到安全的环境中;飞禽走兽这些高级一些的动物就更不用说了,它们行动敏捷,当发现有危险时,或是奋起反抗,或是逃之夭夭。

安全也是人类永恒的旋律。首先是人身安全,毕竟人的生命是最宝贵的,我们对亲朋最常见的祝福就是"平平安安"。其次是财产安全,物质财富是人们生存和发展的保障,也都受到了法律的保护。此外,还有日益突出的食品安全问题,"民以食为天,食以安为先",人们在解决了食品的数量短缺问题之后就希望能够保障食品的质量。而信息安全在近几年屡屡成为新闻热点,这是因为计算机和互联网的普及让信息安全与食品安全、财产安全甚至生命安全都紧密地联系在了一起。生活中最重要的 4 类安全如图 1.1 所示。

图 1.1　生活中最重要的 4 类安全

# 1.1 无处不在的威胁

人类认识世界和改造世界的所有活动都可以认为是信息活动,即不断从外部世界的客体中获取信息,并对这些信息进行处理,最终根据处理结果反作用于外部世界的过程。

在历史长河里和当代生活中,许多出人意料的重大事件看上去原因复杂、迷雾重重。但一经分析就会发现,它们往往是在信息安全上出了问题。

## 1.1.1 从"水门事件"说开去

提到美国总统,你可能首先会想到华盛顿、林肯、罗斯福。如果再加上一个关键词:"中美关系",就绕不开一个人——尼克松。1972年,尼克松访华,成为首位访问中华人民共和国的美国总统。他与毛泽东主席横跨太平洋的握手打破了中美冻结20余年的坚冰。紧接着在第二年,尼克松又结束了美国历史上持续时间最长、使这个国家陷入严重危机的越南战争。这些外交举措本来使尼克松很有可能获得诺贝尔和平奖。不料,一次信息安全事件的曝光彻底断送了他光辉的政治前程!

水门大厦地处华盛顿特区西北区波托马克河畔,由一家五星级饭店、一座高级办公楼和两座豪华公寓楼组成。在大厦正门入口处,有一个人工小型瀑布,飞流直下,水花飘舞飞扬,使整个建筑群有了"水门"的美称。20世纪70年代,美国两大主要政党之一的民主党的总部就在水门大厦里面。

1972年6月17日晚上,民主党总部的一位工作人员离开水门大厦后,偶然回头看了看自己的办公室,他惊异地发现,已经熄了灯的办公室里有几条光柱在晃动。同事们都已经走了,那么是谁又进了办公室?为什么不开灯,却打着手电筒到处乱照?他马上回到水门大厦,把疑点告诉了保安人员。

保安人员立即搜查了有关的房间,抓到5个戴着医用外科手套、形迹可疑的男子,其中一人叫詹姆斯·麦科德,自称是前中央情报局雇员。其实,他是尼克松总统竞选连任委员会中负责安全工作的首席顾问,奉命到水门大厦中的民主党总部安装窃听设备。

众所周知,美国总统选举每4年举行一次,候选人主要在共和党和民主党两个党派中产生。作为共和党人,尼克松于1968年参加总统竞选并获胜,到了1972年又以少有的压倒性优势击败了民主党候选人,获得连任。但令人意想不到的是,水门大厦窃听对手竞选策略的这一行径被媒体曝光后,引发了一系列司法调查,使得尼克松于1974年8月宣布辞职,成为美国历史上首位因丑闻辞职的总统。

"水门事件"是美国历史上最大的政治丑闻之一,其对美国历史以及整个国际新闻界都有着长远的影响。正是因为"水门事件"开了个头,此后很多重大政治丑闻和信息安全事件都被称作"××门",比如接下来要介绍的"窃听门"和"棱镜门"。

### "窃听门"与"棱镜门"

《世界新闻报》是英国《太阳报》的星期日版,曾经是英国销量最高的报刊,2004年后期该报的每日发行量达320万份。很多人是因为2013年的"世纪审判"——《世界新闻报》窃听案才知道这份报纸的。

2002年3月的一天,英国一个名叫米莉·道勒的13岁女孩在放学路上失踪,引发英国警方的大规模搜索行动。而在这个女孩失踪后,《世界新闻报》就雇佣私人侦探窃听道勒的手机语音信箱。当道勒家人和朋友的留言占满了语音信箱后,私人侦探又擅自删除了部分留言,这导致受害者家人以为道勒还活着,同时也干扰了警方的侦破工作。

2005年,《世界新闻报》抢先报道了英国王储威廉膝盖受伤的事情。大家都很奇怪,这件事原本只有王室内部少数几个成员知道,报纸是从哪儿得来的消息呢?直到为《世界新闻报》工作的私家侦探被捕,警方在其家中发现一张列有大批公众人物资料的名单。随后,警方告知英国王室,至少10位王室成员的电话语音信箱遭《世界新闻报》记者窃听。2009年,《卫报》披露《世界新闻报》非法窃听3000名政治家和名人的电话,并经警方确认,"窃听门"被曝光。

2011年,面对《世界新闻报》窃听众多政治家、名人、军人甚至伦敦地铁爆炸案遇难者家属的电话而引起的公愤,以及公众要求对此事件进行独立调查的呼声,当时的英国首相卡梅伦宣布成立独立调查委员会,并于2013年10月开庭审理《世界新闻报》窃听案。而在这之前的7月10日,《世界新闻报》推出了最后一期,这份拥有168年历史的报纸就此停刊。

2013年6月,美国前中央情报局(CIA)职员爱德华·斯诺登离开美国,悄悄来到中国香港。在这里,他将两份绝密资料交给英国《卫报》和美国《华盛顿邮报》。通过这些资料,人们得知:美国国家安全局(NSA)和联邦调查局(FBI)早在2007年就启动了一个代号为"棱镜"的秘密监控项目,直接进入美国网际网络公司的中心服务器里挖掘数据、收集情报,包括微软、雅虎、谷歌、苹果等在内的9家国际网络巨头皆参与其中。

美国政府的"棱镜"计划打着"反恐"的旗号,对即时通信和网络数据进行深度监听(图1.2)。监听的对象包括任何在美国以外地区使用参与该监听计划的公司服务的客户以及任何与国外人士通信的美国公民。监听的信息类型包括电子邮件、聊天记录、视频、音频、文件、照片等。

图1.2 窃听全世界的"棱镜门"

由于互联网技术发端于美国，而且很多向全世界提供网络服务的公司总部都在美国境内，那么使用这些服务的人的隐私就都可能被"棱镜"项目所侵犯。也就是说，美国政府可以接触到世界上的大部分数据，甚至能掌握特定目标及其联系人的一举一动。所以，"棱镜门"事件一经爆料，世界舆论随之哗然。

## 1.1.2  葬送帝国的"沙丘之变"

公元前 221 年，秦始皇并吞六国，建立了中国历史上第一个中央集权的国家，也奠定了此后两千余年我国政治制度的基本格局。但就是这样一个辉煌的王朝、庞大的帝国，仅仅过了 14 年就灭亡了。究其原因，有很多种说法，但最直接的原因却是一次信息安全事件。

秦始皇在治理国家的过程中完成了很多创举：统一货币和度量衡，统一文字，修筑长城、驰道和直道……但作为千古一帝，他更纠结的是生与死的千古难题，最惦记的是千秋万代地统治天下。于是，秦始皇多次出巡，一方面是"东抚东土""威服海内"，其实也是为了封禅祭天、求仙问药，甚至最后死在了巡游路上。

公元前 210 年，秦始皇第五次巡游，行至平原津（今山东境内）得了重病，渡过黄河之后，病情急遽恶化。一向忌讳死亡的他终于不得不向自然规律屈服，在病榻上口授遗诏，安排身后事。遗诏的主要内容是命长子扶苏[①]回咸阳主持丧事，大将蒙恬留守北方。在生命的最后一刻，秦始皇已经不再埋怨宅心仁厚的长子，而是要钦定他为继承人了。但遗诏加封后尚未送出，秦始皇就在沙丘宫（今河北省邢台市广宗县）驾崩了。

秦始皇去世过于突然，身边除了负责侍候的数名近侍宦者外，只有陪伴巡游的小儿子胡亥、丞相李斯和中车府令赵高三人。这三位知情者之中，最感不安的是中车府令赵高，他在不安的同时，更感到一种机遇的诱惑和渴望行动的兴奋。在仔细而迅速的计虑之后，他将遗诏截留下来，暂不交付使者。

赵高是胡亥的老师，多年来一直教导胡亥书法和法律，很得胡亥的信任。但他和扶苏交情不深，还与扶苏所倚重的蒙恬、蒙毅兄弟有私怨。此外，赵高对人性有着深入的了解，他知道，丞相李斯非常贪恋权势，担心扶苏上台之后重用蒙氏兄弟，保不住自己丞相的位置。于是，赵高就说动李斯一起篡改了秦始皇的遗诏，立胡亥为太子，将扶苏和蒙恬赐死。这一事件是大秦帝国灭亡的前奏，史称"沙丘之变"。

秦二世胡亥登基后，见不得人的阴谋和突如其来的权力共同催生出强烈的不安全感，随之而来的是以维护秦帝国稳定为借口的血腥政治清洗。于是，在赵高的指导下，胡亥将其兄弟姐妹一个接一个杀掉，并杀了众多权臣，恐怖的气息如同浓重的阴霾逐渐扩散到整个秦帝国的每一个角落。

"沙丘之变"加上朝廷滥用民力和严刑酷法，导致咸阳城外反秦浪潮此起彼伏。秦二世元年（前 209 年）七月，陈胜、吴广以扶苏、项燕的名义发动大泽乡起义，六国也纷纷复辟。大秦帝国风雨飘摇，两年后就灭亡了。

---

① 秦始皇一共有子女二十余人。长子扶苏因直言劝谏，触怒秦始皇，被发落出京，前往上郡协助大将蒙恬修筑长城、抵御匈奴。

### "秘密立储制度"的诞生

古代中国自周朝开始,就确定了立储的基本原则:嫡长子继承制。天子的嫡长子,就是王后或者皇后生的儿子中最年长的那个。如果王后或者皇后没有生儿子,那就选择庶长子,也就是其他妃嫔乃至宫女生的儿子中最大的那个。这就叫"有嫡立嫡,无嫡立长",该方法的好处就是操作简单、制度稳定。

但嫡长子继承制也有很大的坏处,就是不辨贤愚、不分长幼——嫡长子即使是小孩或白痴,也能继位;其他儿子再怎么成熟贤明都没有份。这会造成大臣擅权、外戚干政,比如东汉后期连续出现多个幼龄皇帝;或者会导致政府瘫痪、内外交困,比如带领西晋走向灭亡的白痴皇帝——晋愍帝。

其实,只要是公开立储,无论采用"立嫡立长"还是"选贤与能",都会产生很大的问题。首先,皇室内部会出现手足相残的情况,企图把比自己年长的继承人从政治上打倒,甚至从肉体上消灭。比如唐朝自李世民开始,每一代皇帝的产生都伴随着血腥的争斗,很多皇亲国戚死于非命。其次,贤明有威望的皇子周围都会形成一个个政治集团,拉帮结派,结党营私。比如康熙年间的"九王夺嫡"①,众多权臣都牵涉其中,对整个帝国的影响很大。

正是由于亲身经历了康熙末年争夺皇位的惨烈,雍正帝即位后创立了"秘密立储制度"。不再公开立皇太子,而是秘密立储,直到自己驾崩之后,由谁来继承皇位才真相大白。具体方法是:由皇帝亲书立储谕旨一式两份,一份密封在锦匣内并安放于乾清宫"正大光明"匾后,另一份由皇帝自己保存。待皇帝驾崩时,由御前大臣分别将两份立储谕旨取出,同时拆封,对证无误后当众宣布由谁继位。

因为秘密立储是提前准备好的圣旨,一式两份,各自妥善保管,这就避免了像秦始皇那样仓促撰写而被近臣篡改的隐患。而且清代圣旨都是用满文和汉文各写一遍,可以相互印证,避免了语义上的偏差,也算是在信息安全上加了一重保险。

### 1.1.3 "行骗天下"的传奇经历

有这么一个美国人:他是美国联邦调查局的安全顾问,讲授犯罪侦查课程,协助警方抓获了一大批金融骗术高手;他设计了世界各大银行和世界五百强企业使用的安全防伪支票,每年都要从这些企业收取上百万美元的专利费;他是权威的文件欺诈研究者,出版和发表了很多相关领域的图书、手册和文章。

很难想象,这样一位让人仰慕的成功人士,在 20 世纪 60 年代仅凭一己之力就让全球近 30 个国家损失了几百万美元,成为美国历年通缉名单上最年轻的罪犯。他叫弗兰克·阿巴内尔,好莱坞影片《猫鼠游戏》(*Catch Me If You Can*)就是根据他的事改编而成的。

1948 年,弗兰克生于美国纽约。他自幼非常聪明,记忆力超群。十几岁的时候,他曾经心血来潮伪装成代课老师,而且当着全班同学的面赶走了真正的代课老师。此后的一

---

① 也称"九子夺嫡",是指清朝康熙皇帝的儿子们争夺皇位的历史事件。当时康熙皇帝序齿的儿子有 24 个,其中有 9 个儿子参与了皇位的争夺。

个多星期,他都装得有模有样,不仅给学生们布置作业,还召开家长会……直到"成功地"吸引了校长的注意才被揭穿。

弗兰克在 1964 年父母离异之后离家出走,独立生活。也就是在这个阶段,他开始尝试伪造支票。一开始他的手法很拙劣,伪造的支票常常被识破。但经过短短两个月的改进,他的支票就能骗过周围所有人了。

有一天,弗兰克走在大街上,突然看到一个被美女们前簇后拥的飞行员。他心里突然有了梦想:当飞行员才是真正的高大上啊!你以为他会从此洗心革面,乖乖地去学习技术,考取资格证书,成为一个励志的追梦少年吗?那你就错啦,他才不想这么麻烦呢,最省事的方法就是直接伪装成飞行员。

弗兰克先是假装成记者,采访了一位机长,对泛美航空公司进行了深入了解。接下来,他跑到证件打印店,谎称要采购员工卡,让对方做出泛美航空公司的员工卡样板,印上他的照片及信息。然后,他又凭着这张假证件联系泛美航空公司的采购部门,谎称自己的制服弄丢了,顺利领到了一套新制服。就算驾驶飞机这个技术活,也难不倒弗兰克,他通过与机长等专业人士的聊天,旁敲侧击地问出了副驾驶的操作。

在此过程中,弗兰克严密的规划、镇定的外表、逼真的演技使得没有任何人怀疑过他的身份。就这样,他冒充泛美航空公司的飞行员免费乘坐了 250 多次航班,航程达上百万千米,周游了美国 50 个州以及 20 多个国家,还交上了空姐女友。

冒充飞行员成功之后,弗兰克的胆子越来越大。他先是冒充联邦调查局探员,躲过了警方的追捕;接着伪造医学院文凭,藏身于一个小镇的医院;再后来,他伪造了一份哈佛成绩单,并通过了律师考试,摇身一变成了路易斯安纳州大法官的助理……各种各样的伪造身份让弗兰克有机会不断地填写假支票,直至他 21 岁被捕时,已经诈骗了超过 250 万美元的现金。

## 防不胜防的电信诈骗

随着科学技术的不断发展,新的诈骗手段也是层出不穷。尤其是 2000 年以后,诈骗犯罪分子主要通过电话、网络和短信的方式编造虚假信息,设置骗局,对受害人实施远程、非接触式诈骗,诱使受害人给犯罪分子打款或转账,给受害人造成了很大的损失。这就是让人深恶痛绝却又屡禁不止的电信诈骗(图 1.3)。

图 1.3　电信诈骗

电信诈骗花样繁多,最常见的类型有以下几种:

（1）冒充社保、医保、银行、电信、学校、公安等部门或机构的工作人员。以社保卡、医保卡、银行卡消费、年费、密码泄露、奖学金以及涉及犯罪案件为名，要求受害人给银行卡升级、验资证明清白，进而提供所谓的"安全账户"，引诱受害人将资金汇入犯罪分子指定的账户。

（2）利用银行卡消费进行诈骗。犯罪分子通过手机短信声称受害人的银行卡刚在某地刷卡消费，如有疑问可致电某某咨询，并提供相关电话号码转接服务。受害人回电后，犯罪分子假冒银行客户服务中心及公安局金融犯罪调查科的名义，谎称该银行卡被复制盗用，要求受害人到银行ATM上进入英文界面，进行所谓的升级、加密操作，逐步将受害人引入"转账陷阱"，将受害人银行卡内的钱汇入犯罪分子指定的账户。

（3）冒充熟人进行诈骗。犯罪分子冒充受害人的熟人或领导，在电话中让受害人猜猜他是谁，当受害人报出一个熟人姓名后即予以承认，谎称将来看望受害人。隔日，再打电话编造因赌博、嫖娼、吸毒等被公安机关查获，或以出车祸、生病等急需用钱为由，向受害人借钱并告知汇款账户，达到诈骗目的。

（4）利用受害人亲属信息进行诈骗。犯罪分子以受害人的儿女、房东、债主、业务客户的名义声称：银行卡丢失，等钱急用，请速汇款到某账号；或者谎称受害人亲人被绑架或出车祸，并有一名同伙在旁边假装受害人亲人大声呼救，要求速汇赎金或手术费。受害人如果不加甄别，就会被骗。

## 1.1.4 难以承受的系统崩溃

1947年，爱沙尼亚的塔林市中心立起一尊青铜所铸的战士像，以此纪念"二战"中为解放爱沙尼亚牺牲的数万苏联红军将士。在其后的纪念碑基座之下安葬了13名为解放塔林牺牲的红军战士。

2007年4月，这个已经从苏联独立出来十多年的国家打算拆除纪念碑，移走青铜战士像，并将烈士墓进行整体搬迁。消息一出，俄罗斯方面表示强烈抗议，导致两国关系严重恶化。更让人想不到的是，全球超过一百万台计算机瞬间登录爱沙尼亚的政府网站，使得爱沙尼亚所有可用网络资源都被消耗殆尽，整个国家的公共生活全面瘫痪。

英国伦敦政治经济学院的一位访问学者描述了当时的情景："这对21世纪的大多数人来说都是一个灾难。网络瘫痪了，意味着政府机构、信息渠道、任何媒体的信息——所有的信息都没有了。这样的事情一旦发生，意味着整个国家一下子失去了所有的武装，无法沟通，也无法组织信息。"

事后媒体调查得知，这次震惊世界的攻击的发起者只是一名稚气未脱的年轻人。因为不满爱沙尼亚政府的做法，他通过远程控制，驱动百万台计算机大军，踏上了爱沙尼亚的网络领土。

**可怕的"遥控杀人"计划**

巴纳比·杰克是一名出生于新西兰的程序员和计算机安全专家。他曾花了两年时间研究如何攻破自动柜员机。2010年7月28日，在美国拉斯维加斯举行的一年一度的黑客大会上,杰克将两台自动柜员机搬到"黑帽"①会场上,随着破解指令的输入,自动柜员机的系统就完全瘫痪了,开始源源不断地吐出钞票(图1.4),在地上堆成一座小山!这一场景堪称历年黑客大会上最为轰动的精彩好戏。

时隔3年,杰克打算重出江湖,在2013年的黑客大会上展示一项更为惊人的"黑客绝技"——于9m之外入侵植入式心脏起搏器等无线医疗装置,然后向其发出一系列830V高压电击,从而令"遥控杀人"成为现实!杰克声称,他已经发现了多家厂商生产的心脏起搏器的安全漏洞。

但就在黑客大会召开前的一个星期,杰克突然死在寓所,在留下了无数谜团的同时,也将危险的警示带给了广泛使用信息技术的人们。可以想象,将来很多人的体内会植入电子设备,人们身上还会穿戴更多的智能终端,这些系统一旦被破坏,人们的生命安全就会面临最为严重的威胁。

**图 1.4　在黑客大会上,自动柜员机不断吐出钞票**

核能是当前应用最为广泛的新型能源之一,具有清洁无污染、能量密度高、综合成本低、无供电间隙性等优点。然而核电站一旦出现安全问题,就会带来巨大的危害和难以想象的社会影响。比如,2011年由日本大地震引发的福岛核电站事故就让全世界人民都为之捏了一把汗。

布什尔核电站位于伊朗首都德黑兰以南100km。从2007年9月奠基动工之日起,这里就是由国防军参与保卫的机密地带。2010年7月的一天,核电站里正在工作的8000台离心机突然出现故障,计算机数据大面积丢失,其中的上千台计算机被物理性损毁。攻击者既不是特工也不是士兵,而是后来被命名为"震网"(stuxnet)的新型网络病毒。

经专业人士分析,"震网"是一种复杂得令人难以置信的病毒。在此之前的恶意软件做得都很简单,两三个人甚至单人就可以完成。而开发"震网"则需要一个庞大的团队,团队中的工程师们要具有多种不同的技能。

---

① 在黑客世界中,有三顶帽子的说法:白的、灰的和黑的,根据他们做事的法律后果来界定。戴着黑帽子的是不计法律后果的犯罪行为,戴着灰帽子游走在法律的边界,而戴着白帽子的则是为了信息安全而出手。

这个一定存在的破坏者是谁？他们在哪里？事过多年，毫无线索。人们只知道这个使一座核电站瘫痪的"数字武器"是装在一个小巧的 U 盘中，通过不易为人觉察的方式溜进核电站一名工程师的计算机中的。

## 1.2 各显神通的手段

从 1.1 节的众多示例可以看出，各种各样的信息安全威胁就像河水一样持续不断，信息系统的安全模块就像河堤一样将河水控制在河道中。但人们时刻不能掉以轻心：一旦河堤有破损，就要及时修补；一旦水位暴涨，就要加高河堤；就算一时平安无事，也要悉心巡查保养……可以认为，人们正是通过控制河堤的破损处、低矮处、水流湍急处等"脆弱点"消除威胁，进而增强整个信息系统的安全。

### 1.2.1 威胁的种类

"有一种崩溃叫作你密码输入错误，有一种惊慌叫作你账号异地登录，有一种失落叫作你没有访问权限。"网上流传的这句话形象地描绘了人们遇到信息安全威胁时的窘境。当然，在工作和生活中还有更多的威胁围绕在人们身边，比如个人资料泄露、论坛账号被窃取、信用卡被盗刷、计算机中毒、黑客攻击、操作系统崩溃、网络瘫痪，等等。

这些威胁样式繁多、层出不穷（图 1.5），但是归纳起来可以分为 4 类，即截取、篡改、伪造和中断。1.1.1 节～1.1.4 节所举的示例就分别对应这 4 类威胁。

**图 1.5 网络上各种各样的威胁**

- **截取**。指未授权方获得了访问资源的权限。这个未授权方可能是一个人、一段程序或一个信息系统。例如，未授权方非法复制程序或数据文件、通过网络窃听数据等。虽然损失可能会被发现，但老练的攻击者可以来去自如、难以追踪。
- **篡改**。指对一个合法消息的某些部分进行修改、删除，或延迟消息的传输、改变消息的顺序，以产生混淆是非的效果。例如，某人可能改变了数据库中的某些值，或替换了某一程序以使其执行另外的任务，或修正了正在被信息系统传送的数据。
- **伪造**。某实体在信息系统中冒充别的实体，以获取合法用户被授予的权限。例如,假冒合法用户向通信系统中插入伪造的事务,或者向数据库中添加记录。

- **中断**。阻止或禁止信息系统的正常使用。它的主要形式是破坏某实体网络或信息系统,使得被攻击目标资源丢失、不可得或不可用。例如恶意的硬件破坏、程序或数据文件被删除、操作系统文件管理器故障、网络阻塞等。

可以用网上聊天的例子评估这 4 类威胁的后果,进一步理解这 4 类威胁的含义。

假设你在和好友聊一些私密的话题,不希望被其他人知道。如果别人偷听到了你们的谈话或者看到了你们的聊天记录,这就是信息的截取,即保密数据的泄露。

也许你觉得无所谓,"事无不可对人言"嘛,但是你不会希望你的话传到对面的时候变了样子——丢失了一部分或者替换了一段儿,这就是信息的篡改,即数据完整性的破坏。

也有人会说,这也没啥,关键是心灵的交流嘛,不在乎那些细枝末节。可是你会在乎和你聊天的究竟是不是你的好友,很有可能"所聊非人"啊,这就是身份的伪造,即假冒对象进行欺骗。

就算你认为:不就是打发时间嘛,和谁聊不是聊?聊什么不是聊?那还有另外一种威胁让你更加绝望,这就是服务的中断,即网络、数据、系统等资源均不可用。

### 1.2.2　信息安全的目标

针对信息系统面临的 4 类威胁——截取、篡改、伪造、中断,人们希望信息系统足够健壮和安全,信息的加工处理最好能够保持 4 个理想的特性——机密性、完整性、不可抵赖性和可用性。其实,这 4 个特性也就是信息安全的 4 个主要目标[①]。

下面围绕着 Alice(爱丽丝)、Bob(鲍勃)和 Eve(伊芙)3 个虚拟人物设计一个通信示例,以介绍信息安全的这 4 个主要目标。其中,Alice 和 Bob 分别代表通信双方,Eve 则代表着意图破坏这次通信安全的第三方,如图 1.6 所示。

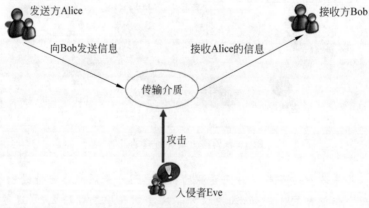

图 1.6　信息安全的三方

- **机密性**。也称作保密性,指的是保证信息不被非法授权访问。即 Alice 发出的信息只有 Bob 能收到,就算第三方 Eve 获取了信息也无法知晓内容,不能利用。一

---

① 信息安全除了这 4 个主要目标之外,还有可靠性、可控性、可审查性等。

旦 Eve 知晓了信息内容,就说明信息的机密性被破坏了。

- **完整性**。就是保证真实性,即信息在生成、传输、存储和使用过程中不应被第三方篡改。如果发送方 Alice 发出的信息被第三方 Eve 获取了,并且对内容进行了增删或替换,则说明信息的完整性被破坏了。
- **不可抵赖性**。也称作抗抵赖性或不可否认性(抗否认性),是面向通信双方信息真实统一的安全要求,包括收发双方均不可抵赖。不可抵赖性通过两个证明实现:一是源发证明,提供给信息接收方(Bob)作为证据,这将使发送方(Alice)谎称未发送过这些信息或者否认它的内容的企图不能得逞;二是交付证明,提供给信息发送方(Alice)作为证据,这将使接收方(Bob)谎称未接收过这些信息或者否认它的内容的企图不能得逞。
- **可用性**。也称作可访问性,指的是保障信息资源随时可提供服务的特性,即授权用户可以根据需要随时访问所需信息。也就是说,要保障 Alice 能顺利地发送信息,Bob 能顺利地接收信息。

信息安全的目标是保障信息的这些特性不被破坏。构建安全的信息系统时的一个挑战就是在这些特性中找到一个平衡点,因为它们常常是相互矛盾的。例如,在信息系统中,只需要简单地阻止所有人读取一个特定的对象,就可以轻易地保护此对象的机密性。但是,这个系统并不是安全的,因为它不能满足正当访问的可用性要求。也就是说,机密性的强保护措施会严重地限制可用性,所以在实践中必须在机密性和可用性之间达成平衡。

## 信息安全中的虚拟人物

在每个学科的学习中,教材都会举一些例子来加深学生对术语的理解,老师也常讲一些故事让理论更贴近生活。举例子或讲故事的时候,就需要有主角,常常是一些虚拟人物,比如,小学数学课本中的"小明"和"小红",中学英语教材里的"李雷"和"韩梅梅"。在信息安全领域里,最著名的 3 个 IT 虚拟人物就是 Alice、Bob 和 Eve。如今,就算在正式的学术讨论中,这 3 个人名也都是标准用语。

1978 年,密码学家李维斯特在其公开发表的一篇学术论文[①]中描述:"我们假设一个场景,Alice 和 Bob 是公钥密码系统中的两个用户……"。这篇文章此后所有的技术细节里,Alice 和 Bob 就成了主角。这是密码学史上 Alice 和 Bob 的首次出现。这种论文风格很另类,看上去好像在讲故事。

那么,为什么是 Alice 和 Bob,而不是 Tom(汤姆)和 Jerry(杰瑞)呢? 只要参考之前的通信类论文你就会发现,以往用来指代发送方和接收方的一直都是 A 和 B,而且由 A 发出的内容大都是 $\alpha$,由 B 发出的内容大都是 $\beta$。可能作者不想让例子太枯燥,就把名字以 A 开头的 Alice 当作 A,把名字以 B 开头的 Bob 当作 B,于是 Alice 和 Bob 就这样成为通信技术中的"知名人物"了。

---

① 关于这篇论文的情况和其他虚拟人物的名字,请参见附录 A。

### 1.2.3 相应的技术

如表 1.1 所示,要阻止信息系统面临的 4 类威胁——截取、篡改、伪造、中断,达成信息安全的 4 个目标——机密性、完整性、不可抵赖性和可用性,将采取 4 种技术,即加密技术、完整性技术、认证技术和网络防御技术。本书后面的所有章节都是介绍这些技术手段是如何出现的、基本原理是什么、效果如何。

表 1.1 信息安全的威胁、技术和目标

| 威　胁 | 技　术 | 目　标 |
| --- | --- | --- |
| 截取 | 加密技术 | 机密性 |
| 篡改 | 完整性技术 | 完整性 |
| 伪造 | 认证技术 | 不可抵赖性 |
| 中断 | 网络防御技术 | 可用性 |

表 1.1 列出的 4 种技术也只是类别而已,并不是具体的技术名称。正是由于信息安全威胁的花样百出、步步紧逼,才促使相应的信息安全技术与时俱进、不断更新。在信息安全领域里,入侵者往往在暗处,掌握主动权;防御者在明处,相对被动。这也使得入侵者的技术门槛低一些,却显得比防御者"炫酷",只要抓住系统的一个弱点,瞅准时机发动攻击,就有可能造成极大的破坏。而防御者的功底必须更加深厚。然而,即便防御者时刻小心谨慎,也难免顾此失彼。

聪明的入侵者总是在不断地试探,寻找系统最薄弱的环节。例如,对于一个窃贼来说,如果有窗户可以轻易打开的话,就没有必要和防盗门死磕。同样,很少有人会策划强行闯入一个安保措施严密的金库,常见的操作是通过网络远程攻击银行或企业的数据中心,更普遍的情况是收集快递单上的用户信息或网页上的客户资料,进而实施精准诈骗……这个思想可以归纳为信息安全中的一个基本原则:

**最易渗透原则**(principle of easiest penetration)　一个入侵者总是企图利用任何可能的入侵手段。这种入侵不一定采用显而易见的手段,也不一定针对防御最严密的地方。

这个原则说明信息安全领域的专家或技术人员必须考虑到所有可能的入侵方式,因为防御者不知道哪些人会发起攻击,也不知道入侵者什么时间会发起攻击,更不知道攻击手段是哪一种。而且,这种考虑和分析必须经常反复进行,尤其是系统升级或者安全措施发生变化的时候。

### 《西游记》中的一大谜团

《西游记》是我国最为知名的超级 IP[①],相关图书、戏曲、音乐、玩具、影视作品种类繁多,承载着很多代人的童年回忆。而只要是对《西游记》故事情节有所

---

① IP 是 Intellectual Property(知识产权)的缩写,通俗来讲,就是产品改编的源头,比如动漫、游戏、电影、电视、图书等所有衍生品价值的概念范畴。

了解的人，大都会有一个疑问：孙悟空一开始那么厉害，又是翻江倒海，又是大闹天宫，怎么到了取经的时候就明显变弱了？为什么打得过天兵天将却搞不定妖魔鬼怪了？

有一派观点认为，孙悟空被压在五行山下五百年，耽误了修行，就像学霸辍学十几年一样，跟不上时代的脚步了；也有一派观点认为，"高手在民间"，谁说荒山野岭的妖魔鬼怪就弱了？经过残酷的丛林竞争之后，它们的战斗力比天庭上那些"正规军"强多了；还有一派观点认为，很多妖怪都是天庭或佛教"领导"身边的人，孙悟空"打狗还得看主人"呢，该放的水还是要放……

如果按照信息安全的思维方式，原因就非常简单了，那就是孙悟空的角色变了——从入侵者转成了防御者。孙悟空大闹天宫的时候，当然是哪里容易就去哪里，调开天庭的防护主力，攻其不备，拣软柿子捏。等他取经时候就没法这么干了，遇到危险就算自己能跑掉，也必须回来解救其他团队成员，攻克这一难关。而作为入侵者的妖怪显然知道"肉眼凡胎"的唐僧就是最薄弱的核心，只要搞定了他，那三个徒弟再厉害也没用。

## 1.3　化繁为简的学习

在普通人的印象里，信息安全一旦出了问题，往往都是高智商的人利用尖端技术手段发起了攻击，但统计结果却出乎人们的意料。如图 1.7 所示，由外部人员攻击导致的安全事件仅占 3%。更多的情况往往是操作失误（如删除文件、格式化硬盘等）、意外疏漏（如系统崩溃等）、设备故障（如物理损坏、电磁干扰等）或自然灾害（如雷雨、地震、火灾、水灾等）引起的。

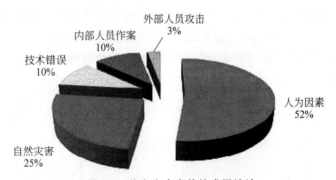

图 1.7　信息安全事件的成因统计

所以，要打造良好的信息安全保障体系，应该从以下两方面着手：一方面要普及信息安全方面的知识，提高人们的信息安全意识；另一方面要控制任何可能的薄弱环节，从组织管理、法规标准、技术防护等多个角度协同并进。这也使信息安全涉及的知识领域非常广泛，比如数学、物理学、计算机科学、电子信息、心理学、法律等，是一门典型的交叉学科。

从学科专业的角度来看，信息安全的知识体系可以分为 3 个层次：信息安全基础理论、信息安全应用技术和信息安全管理，如图 1.8 所示。其中，信息安全基础理论为信息安全应用技术和信息安全管理提供理论指导；信息安全应用技术是实现信息安全的具体手段；信息安全管理则研究实现信息安全的各种标准、策略、规章、制度。初学者应当立足于搞清楚核心的信息安全基础理论，掌握好常见的信息安全应用技术，适度了解部分信息安全管理方面的内容。

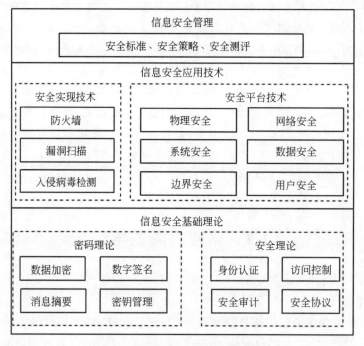

图 1.8　信息安全学科的知识体系

在日常生活和专业学习中，常常遇到很多容易混淆的术语，比如信息安全、网络安全、计算机安全和密码安全。它们相互之间有密切的联系，也有明确的区分。在这里，就不对具体概念进行剖析了，仅用图 1.9 表示它们所覆盖的知识范围，化繁为简，以帮助初学者有初步的了解，进而抓住要点。

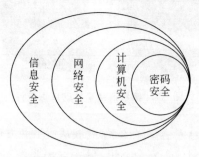

图 1.9　信息安全的相关概念

# 第2章

# 信息编码的奥秘

只用一样东西，不明白它的道理，实在不高明。

——林语堂（中国现代著名作家）

自人类进入文明社会以来，能量和信息就是衡量我们这个世界文明程度的硬性标准。一种文明能够开发和利用的能量越多，其文明水平就越高；同样，一种文明能够创造、使用和传输的信息越多，手段越有效，其文明水平就越高。但信息的本质是什么？其意义何在？如何度量信息？这些在很多人的头脑中还都是一个个不小的问号。

对信息进行传输、处理和存储的相关技术就是信息技术，它的英文缩写 IT（Information Technology）热得发烫，几乎到了无人不晓的地步。IT 产业不仅是当今全球经济形势的晴雨表，也是世界经济前五大产业①中发展速度最快的产业，没有之一！那么，问题来了：信息技术发生过哪些重大的进步②？它们对人类历史产生了怎样的影响？它们将来会变成什么样子？

从本质上看，早期的信息技术，比如口语、烽火、军号、书简，与现代的信息技术，比如发送电报、网上传输文档、视频直播，并没什么本质的区别，都是对信息的编码。如果掌握了编码的基本原理，就可以用很多不同的方式表达自己的意思。哪怕只是用肢体语言，就像蜜蜂跳舞一样，也可以传递出含义丰富的信息。

## 2.1　数字符号里的学问

在漫长的进化历程中，人类的祖先逐渐拥有了一些食物和生产生活资料，这就有了多和少的概念。很遗憾，那时的人类还不会数数，因为他们还不需要这么做。著名的美籍俄裔物理学家乔治·伽莫夫在他的科普读物《从一到无穷大》一书中讲了这样一则故事：原始部落的两个酋长要比一比谁说出的数字大。一个酋长想了想，说："3！"另一个酋长想了半天，说："你赢了！"因为在原始部落，物质极其缺乏，很少会超过 3；一旦超过 3，他们就称之为"许多"或者"数不清"。

---

① 世界经济的前五大产业为金融、信息技术、医疗和制药、能源以及日用消费品。其中，只有 IT 产业可以以持续翻番的速度进步。

② 关于信息技术有哪些重大进步和对人类历史产生的影响，请参见附录 C。

### 2.1.1　从掰手指到画线

当人类的祖先需要记录的物件数量超过 3 时，比如当他们觉得分得 4 份猎物和分得 7 份猎物还是有区别的时候，记数系统就要产生了，而数字就是记数系统的基础。当然，早期数字并没有书写的形式，而是掰手指，人的手指的数目就是 10，于是人类就逐渐适应了这个以 10 为基数的记数方法，也称十进制。英语中 digit 这个单词不仅有数字的意思，也有手指、脚趾的意思，这恐怕不是巧合。而 five（五）和 fist（拳头）这两个单词拥有相同的词根，估计也是同样的道理。

如果人类像卡通人物那样，每只手有 4 根手指①会怎样？人类很可能就不会建立一个以 10 为基数的数字系统了；人类会自然而然地、不可避免地想到建立一个以 8 为基数的记数方法，即八进制。当然，就像十进制没有为"十"设立特殊符号一样（十进制的数字符号是 0、1、2、3、4、5、6、7、8、9，之后的数字 10 是前两个数字符号 0 和 1 的组合），八进制也是用前两个数字符号的组合 10 代表卡通人物手指的数量，如图 2.1 所示。以此类推，如果人类有 12 根手指，那么今天我们数数用的就应该是十二进制了。

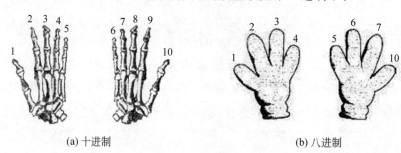

(a) 十进制　　　　　　　　　　　　(b) 八进制

**图 2.1　十进制与八进制**

（来源：《编码：隐匿在计算机软硬件背后的语言》）

## 使用二十进制的文明

大多数人类文明都采用了十进制。那么，有没有文明采用二十进制呢？也就是说，他们等数完全部的手指和脚趾才开始进位？答案是肯定的，这就是玛雅文明。因此，玛雅人的一个世纪（他们称为太阳纪）是 400 年。2012 年正好是上一个太阳纪的最后一年，2013 年是新的太阳纪的开始。于是，不知道从何时起，2012 年就被讹传为世界的最后一年了。

相比十进制，二十进制有很多不便之处。过去，即使是不识几个字的中国人也能背诵九九乘法表。但是，换成二十进制，要背的可就是 $19 \times 19$ 的围棋盘式的乘法表了。即使到了人类文明的中期，即公元元年前后，除了学者，几乎没有人能够做到这一点，这也许是玛雅文明发展非常缓慢的原因之一吧。当然，它的

---

①　手冢治虫在为阿童木设计造型的时候照搬了很多迪士尼的经验，手指数量是其中之一，但他当时并不明白为什么是 4 根手指。他成为动画漫画大师后，有次见到沃尔特·迪士尼，曾经亲自问迪士尼为什么要将米老鼠做成 4 根手指，得到的答复大意是："5 根手指在动画角色运动时会看起来像 6 根手指似的（肉眼错觉），而 4 根手指则刚好。"

文字也极为复杂,以至于每个部落都没有几个人能认识。

人类的祖先已经通过掰手指搞出了原始的记数方式,但接下来还有一个很困扰人类的问题——暂时数清楚了眼前的事物有多少,过段时间就会忘掉。所以得想办法将这些数值从大脑转移到一些外部"存储器"上,才有可能更加长久地保存下来。

我们可以设想这样一个应用场景,一个原始人的财产中包括 5 只猫,他打算记录下来,用图 2.2 表示。

图 2.2　画图记录 5 只猫

这种方法显然效率很低,这个人就会想:为什么我非得要画 5 只猫呢? 为什么我不只画一只代表一下,然后再用画线的方式表示数量是 5 呢? 于是他改进了方法,如图 2.3 所示。

图 2.3　画线记录 5 只猫

接下来,猫的数量在不断增长(猫的繁殖能力也是蛮惊人的)。终于有一天,他拥有了 27 只猫。如图 2.4 所示,他觉得自己这种记录方式还是非常麻烦的,和去猫窝里面重新数一遍花费差不多的工夫。

面对这种情况,有位智者说:"我们必须想出一种更好的方法来。"于是,数字符号和基于这些数字符号的数字系统就应运而生了。

图 2.4　画线记录 27 只猫

在所有早期文明的数字符号和数字系统中,只有罗马数字沿用到了今天。人们经常在表盘上、纪念碑和雕像的日期上、一些书的页码中或者条款的概述中看到罗马数字。而最令人烦恼的就是电影的版权声明,你必须足够快地解读位于演职人员表末尾的"MCMLⅢ",才能知道《罗马假日》这部影片是 1953 年发行的。

如图 2.5 所示,27 只猫用罗马数字可以表示为 XXVⅡ 。

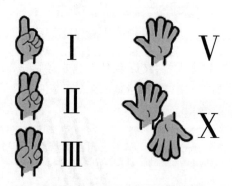

**图 2.5　用罗马数字记录 27 只猫**

沿用到今天的罗马数字符号有Ⅰ、Ⅴ、Ⅹ、L、C、D 和 M。1、2、3、5、10 的罗马数字如图 2.6 所示,符号Ⅰ表示 1,可以看作一条线或者一根伸出的手指;符号Ⅴ像一只手,表示 5;一个Ⅹ是两个Ⅴ,表示 10;L 是 50;C 来自拉丁文 centum,表示 100;D 是 500;M 来自拉丁文 mille,表示 1000。

**图 2.6　1、2、3、5、10 的罗马数字**

尽管有的人不一定认同,但很长一段时间以来,罗马数字被认为在做加减运算时非常容易,这也是罗马数字能够在欧洲用于记账直至今天的原因。事实上,当对两个罗马数字进行相加运算时,只需将这两个罗马数字的所有符号合并,然后用下面几个规则将其简化:5 个Ⅰ是一个Ⅴ,两个Ⅴ是一个Ⅹ,5 个Ⅹ是一个 L,以此类推。

对罗马数字的解码规则也采用加减法:小的数字符号出现在大的数字符号左边就减去,否则就加上。比如Ⅳ表示 5−1＝4,Ⅶ表示 5＋2＝7,ⅩⅩⅧ表示 10＋10−1−1＝18。这种解码方法不仅比较费脑子,而且罗马数字描述大的数字和分数时会遇到麻烦。如果罗马人想写 100 万,恐怕要 MMMMM……地不断写下去,写满一整块黑板。虽然他们后来发明了在 M 上用上画线表示 1000 倍,但是如果要书写 10 亿,还是要写一黑板的。

古代中国的数字系统也和罗马一样,用明确的单位表示数字的不同量级,比如个、十、百、千、万、亿、兆。这套数字系统的解码规则是乘法,比如,三百万的含义是 $3 \times 100 \times 10\,000$。从这个角度看,古代中国人的记数方法要比古罗马人高效一些。但是,如果对两个很大的数字进行乘除运算,这两套数字系统都不够直观和方便。

## 2.1.2　简洁统一的框架

今天,人们在日常生活中用来计算的数字符号是近代从西方引入的,被称为阿拉伯数字。其实,这原本是古代印度人的发明,只不过阿拉伯人在攻打印度的时候发现了,又经过一些数学家<sup>①</sup>的改良后传到中东,进而传入欧洲。

阿拉伯数字系统不同于其他文明先前的数字系统,主要体现在以下 3 点:

(1)阿拉伯数字系统是和位置相关的。也就是说,一个数字的位置不同,其代表的数量也不同。对于一个数而言,其数字的位置和数字的大小一样,都很重要。100 和 1 000 000 这两个数中都只有一个 1,但是 1 000 000 要远远大于 100。

(2)阿拉伯数字系统省略了专门代表进制的符号。绝大多数早期的基于十进制的数字系统都有一个专门的符号表示"十",但是现在使用的数字系统却是用 1 和 0 两个符号组合而成的。

(3)阿拉伯数字系统比绝大多数早期的数字系统都多了一个符号,而且事实证明是比代表数字"十"的符号重要得多的符号,它就是 0。

就是这个小小的 0,毫无疑问是数学史上最重要的发明之一。它支持位置记数法,因此可以将 15、105、150 和 1500 区分开来。一些在与位置无关的数字系统中显得非常复杂的运算,也由于 0 的出现而变得简单,尤其是乘法和除法。

阿拉伯数字的整体结构能够以读数字的方式展现。以 7613 为例,它读作"七千六百一十三"(古代中国的数字系统就是这样记录的,显然计算起来还是比阿拉伯数字系统麻烦),意思就是

七个一千

六个一百

一个一十

三个一

也可以将此数字以如下形式写出:

$$7613 = 7000 + 600 + 10 + 3$$

还可以对其进一步分解,将其写成

$$7613 = 7 \times 1000$$
$$+ 6 \times 100$$
$$+ 1 \times 10$$
$$+ 3 \times 1$$

或者以 10 的整数次幂<sup>②</sup>的形式表示:

$$7613 = 7 \times 10^3$$
$$+ 6 \times 10^2$$
$$+ 1 \times 10^1$$
$$+ 3 \times 10^0$$

一个多位数中的每一位都有其特定的意义,如图 2.7 所示。这 7 个方格能代表 0~9 999 999 中的任何一个数字。每个位置代表 10 的一个整数次幂。不需要用一个专门的

---

① 公元 825 年左右,波斯数学家阿尔-花剌子模(Al-Khwarizmi)写了一本关于代数学的书,其中就用到了印度的记数系统。其拉丁文译本出现于公元 1120 年,对加速整个欧洲从罗马数字系统到阿拉伯数字系统的转变有着重大影响。

② 注意:任何数的 0 次幂都等于 1。

符号表示"十",因为可以将 1 放在不同的位置,并用 0 作为占位符。

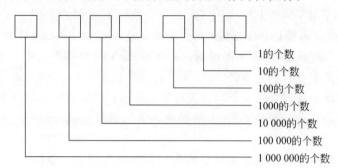

**图 2.7 位置决定值的大小(十进制)**

阿拉伯数字的另一个好处就是,以同样的方式将数字置于小数点右边可以表示分数。比如,数字 20.549 就是

$$2\times10$$
$$+0\times1$$
$$+5\div10$$
$$+4\div100$$
$$+9\div1000$$

如果和前面的例子一样,统一为只用乘法和加法来表示,则写法如下:

$$2\times10$$
$$+0\times1$$
$$+5\times0.1$$
$$+4\times0.01$$
$$+9\times0.001$$

也可以用 10 的整数次幂的形式表示:

$$2\times10^1$$
$$+0\times10^0$$
$$+5\times10^{-1}$$
$$+4\times10^{-2}$$
$$+9\times10^{-3}$$

在阿拉伯数字系统中,一旦知道 2 加 6 等于 8,很容易类推出: 20 加 60 等于 80,200 加 600 等于 800,2000 加 6000 等于 8000。任意长度的十进制数相加,都可以把问题进一步分解:首先把两个数按照位置对齐。然后从右向左分别把对应位置的两个一位数相加。计算结果若是一位数,就直接作为最终结果的相应位置的数字;如果有进位(计算结果是两位数),就记下个位数作为最终结果的相应位置的数字,再把左边紧邻位置的计算结果加上 1 即可;以此类推。

在将两个十进制数相乘的时候,方法要复杂一点,需将问题分解成几步,做一位数的乘法和加法(配合九九乘法表之类的口诀)。

阿拉伯数字系统的这种与位置相关的记数思想在十进制上应用并没有显现非常大的优势。但是,当把多种进制放在一起来看,它的优点就很明显了——它依然易于记数和运算,规则还是那么简单。下面看一看阿拉伯数字系统在八进制上的应用。

　　正如 2.1.1 节所述,阿拉伯数字系统应用在十进制中,没有专门表示"十"的符号;在八进制中,也没有专门表示"八"的符号。在十进制中,数字符号有 10 个,分别是 0、1、2、3、4、5、6、7、8、9,"十"用前两个数字符号的组合 10 表示。以此类推,在八进制中,数字符号有 8 个,分别是 0、1、2、3、4、5、6、7。怎么表示"八"呢? 也用前两个数字符号的组合 10 吗? 的确是那样。

　　在八进制中,7 之后紧接着的数字是 10,可以读作"一零(幺零)",以避免和十进制数字的读法混淆。之后的数字是 11(其值等同于十进制中的 9),读作"一一(幺幺)",12 读作"一二(幺二)"。以此类推,20(其值等同于十进制中的 16)读作"二零",30(其值等同于十进制中的 24)读作"三零[①]"。

　　在阿拉伯数字系统中,八进制和十进制类似,一个多位数中的每一位也有其特定的意义——每一位代表的值是该位数字乘以 8 的整数次幂的结果,如图 2.8 所示。

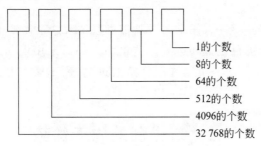

图 2.8　位置决定值的大小(八进制)

　　这样,一个八进制数 $7613_{[8]}$[②](读作"八进制七六一三")可以分解成如下形式:
$$7613_{[8]} = 7000_{[8]} + 600_{[8]} + 10_{[8]} + 3_{[8]}$$
或者对其进一步分解,可以将数字写成
$$7613_{[8]} = 7 \times 1000_{[8]}$$
$$+ 6 \times 100_{[8]}$$
$$+ 1 \times 10_{[8]}$$
$$+ 3 \times 1_{[8]}$$
或者用十进制数表示每一个位置的值,拆分为
$$7613_{[8]} = 7 \times 512$$
$$+ 6 \times 64$$
$$+ 1 \times 8$$
$$+ 3 \times 1$$

---

　　① 要真正避免歧义,八进制不仅要和十进制区分,还要和其他所有进制区分,因此应该读作"基于 8 的数三零"或"八进制三零"。

　　② 当书写非十进制的数的时候,可以利用下标标注基数,以避免产生歧义。

或者用 8 的整数次幂(十进制)的形式表示：

$$7613_{[8]} = 7 \times 8^3 + 6 \times 8^2 + 1 \times 8^1 + 3 \times 8^0$$

可以进一步计算出它对应于十进制数 3979。所以,上述方法也就是将八进制数转化为十进制数的方法。

说到这里,有人会觉得,八进制很少用,没有什么意义,十进制不就足够了么? 事实上,人们生活中用到其他进制的机会非常多,它们的重要性绝不亚于十进制。下面就列举一些例子：

七进制：1 周＝7 天。

十二进制：1 年＝12 月。

十六进制：1 斤＝16 两[①]。

二十进制：1 先令＝20 便士。

二十四进制：1 天＝24 小时。

五十四进制：1 副扑克＝54 张牌。

六十进制：1 分钟＝60 秒。

……

正是有了阿拉伯数字系统,任意的进制都可以纳入这个体系中,都可以参照十进制的规则,用相似的方法进行记数和运算。这也为人们后来用电信号表示数字并自动计算提供了足够的自由空间——可以选用任意的进制,而不必担心规则改动过大带来的负担。

## 2.2　二进制的先天优势

19 世纪下半叶,电学开始大发展,电逐渐成为新的能源,既新潮又干净,用途广,还便宜。20 世纪,人们发明了各种电器为生产生活服务,比如电视机、空调、冰箱、洗衣机。只要持续给一个电器供电,它就能不眠不休地工作,几乎不用人管理。这时,人们就在想,能不能发明一种电器自动进行数学计算呢?

经过无数的挫折和漫长的探索,人们才发现：对于电子元器件来说,二进制有着无可比拟的先天优势。事实上,目前的所有 IT 产品,无论界面、功能多么令人眼花缭乱,本质上都采用二进制系统,数据最终都要转化成二进制数的形式存储和处理。

### 2.2.1　摆脱思维的惯性

要通过电器进行数学计算,首先要解决的问题是"如何用电表示数字"(这里的数字包括参与计算的数和计算结果)。最自然的想法就是用不同的电压表示不同的数。例如,要计算 30＋18,就在两个输入端分别加上 30V 和 18V 的电压,运算完成之后,在输出端获得 48V 的电压。这是多么美妙的想法啊!

遗憾的是,这种理想化的设计往往会在复杂的实际应用中碰壁。真正实用的工程,

_____

① 1959 年,我国已经将 1 斤＝16 两改为 1 斤＝10 两。

其设计都要反复推敲和验证,绝不能靠拍脑袋产生的灵光一现,也不能无视存在的现实条件。对于上面的设计,当参与运算的数大小得当的时候,应该还算可行。但是当数字变得很大的时候,情况就不容乐观了,比如计算 85 450 000＋316 674,这意味着要生成 8000 多万伏的高压,就算造出来的计算工具不被烧毁,人们也不敢买回来使用——听着内部电路"嘶嘶"的电流声,看着外壳上"内有高压,请勿靠近"的醒目标签,得需要多大的心脏?

如果说高压还能容忍的话,那么制造这样一台电器真正无法逾越的障碍是表示像 0.000 21 这样的小数。通常,一个电路只能工作在近似精确的状态,因为有很多因素都会对它产生影响,最常见的一个因素就是温度变化。学过物理的人都清楚,电压和电流有一个关系,用公式表示就是 $U=IR$。其中,$U$ 表示电压,$I$ 表示电流,$R$ 表示电阻[1]。当电路中有电流通过的时候,导体的温度就会发生变化(例如电器用久了就会发热),这也就导致电阻 $R$ 的值发生变化,进而导致 $U$ 的值变化。所以仅是想将电压精确地调整到 0.000 21V 就非常麻烦,如果还想保证它不变化,那几乎是不可能完成的任务。但是在军事、医疗、经济等领域,一旦出现这种精度的误差,都是灾难性的。

总之,我们要换一种思路了。前面的方案之所以行不通,是因为只用一根导线是无法表示所有数的,但通过 2.1 节对阿拉伯数字系统的论述可以发现,无论一个十进制数有多大,它总是 0、1、2、3、4、5、6、7、8、9 这 10 个数字符号的组合。完全可以用多根导线表示一个数,其中每根导线都对应这个数中的一位(与位置相关的记数思想)。如图 2.9 所示,5 根导线自上而下排列,每根导线上的电压分别代表 93 850 这个数从高到低的每一位。

这种方法的一个特点就是不需要产生令人畏惧的高电压了,取而代之的是 0~9V 共 9 种低电压(可以认为 0V 即没有电压)。这种方法的另一个特点就是表示小数也很方便,只要把导线分成两组,分别代表整数部分和小数部分即可,如图 2.10 所示。

图 2.9　用 5 根导线表示一个 5 位数　　　图 2.10　用 5 根导线表示整数部分和小数部分

从理论上讲,这种方案还是可行的。基于这种思路制造的模拟计算机曾经取得了一些成果。例如,第二次世界大战期间,美国贝尔实验室[2]研制的 M-9 火炮指挥仪就是一种模拟计算机。1940 年,一种模拟计算机还安装在潜艇上,用来计算发射鱼雷的方向和速度。

在导线上施加 0~9V 的电压表示一个十进制数,在应用中还是有问题的,主要原因

---

还是一个电路只能工作在近似精确的状态。以图 2.9 为例,从上面数第二根导线上,操作者想用电压 3V 表示十进制的数字 3。如果电路通电时间较长,在各种因素(例如温度会影响电阻值)的作用下电压会发生变化,在某一时刻测量这根导线,发现电压是 3.3V 了,怎么算? 有人说,四舍五入,就算 3V,还是表示十进制的 3。将这台计算设备搬到另一个地方用的时候,再次测量这根导线,发现电压变为 3.7V 了,这究竟表示十进制的 3 还是 4? 过一段时间,再测量一次,发现电压是 2.9V,这次又表示多少?

可以想象,当用电路表示电压的时候,每次测量得到的结果都是一个近似值,而且一直在变化,人们还敢相信计算得出的结果吗? 就像上面举的例子一样,当你测量一根导线的电压,得到 3.4V 或 3.6V 的时候,估计你内心的纠结是无法言表的吧?

于是,人们决定放弃对十进制的模拟了——精确设定并测量电压值实在是一件费力不讨好的事情。我们回想一下儿时做的一种简易电路,材料就是一节电池、一根导线、一个开关和一个灯泡,如图 2.11 所示。如果闭合开关,接通电路,灯泡就亮了;如果断开开关,切断电路,灯泡就灭了。对这两种状态(灯亮和灯灭)的判断不需要任何精密测量工具,就算电压不稳,灯有时亮一些,有时暗一些,也是无关大局的。

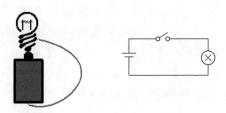

图 2.11    一个电路图的例子

(来源:《穿越计算机的迷雾》)

再进一步思考,会发现这种两个状态的表示方法比前面设想的 10 种状态的表示方法更加稳定,更不容易出错。当开关断开时,代表 0;当开关闭合时,代表 1,如图 2.12 所示[①]。这种设计与二进制的思想暗合,开关电路和二进制有着内在的联系。

当然,在大多数情况下,一个二进制数不会只有一个 0 或者一个 1,它可能包含很多位,是一连串的 0 或 1。所以,要表示一个真正实用的二进制数,比如 101(也就是十进制的 5),需要一排开关,每一个开关对应二进制数的一位,如图 2.13 所示。

图 2.12    用开关状态表示 0 和 1      图 2.13    用多个开关表示二进制数

当人们发现了用电路的开关表示二进制的创意之后,应该立即把它应用到正在努

---

①    当然也可以反其道而行,用开关断开表示 1,用开关闭合表示 0。但是大多数人可能会觉得有些别扭,毕竟人们习惯把“无”看成 0,断开开关就没有电流了,似乎应该是 0 才对。

力制造的电子元器件中,尽快搞出可以自动计算的电器来。如图 2.14 所示,灰色的方框通常代表一个具有某种功能的电路,在这里它代表的是人们一直努力想要制造的运算部件,这个运算部件的左边和下面各有 5 个开关,分别用于输入两个参与运算的二进制数。

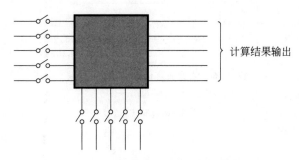

**图 2.14 理想中的二进制运算部件**
(来源:《穿越计算机的迷雾》)

通过图 2.14,再次论述一下二进制数之所以在电的世界里受到欢迎的原因。以前,你必须制作一大堆电路,为的是生成不同的电压,这还不算,为了知道生成的电压够不够数,你还得拿着电压表一遍一遍地挨个儿测量,而获得这点成就感所付出的却是满头大汗和筋疲力尽。但是现在,你只需要准备一个合适的电源和为数不多的开关就足够了。至于精度,在这里有电表示 1,没有电表示 0,使用多大的电压都无所谓,只要不会烧坏零件或者电着自己,你认为在这里精度会是个问题吗?

除此之外,还有更令人感到振奋的。在前面的设计过程中,由于忙着解决如何将数送到运算部件里去,我们还没有认真研究过另外一个同样很重要的问题,那就是当运算结果出来之后怎样知道它是不是正确,是否是我们真正想要的。现在,由于采用了二进制,这个问题也迎刃而解了。方法出奇的简单,因为运算部件是以二进制的方式工作,它送出来的运算结果自然也是用一排导线表示的二进制数。如图 2.15 所示,可以把小灯泡接在每一根输出导线上,以此显示输出结果的每一位到底是 0 还是 1(灯灭还是灯亮)。

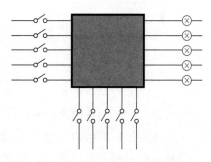

**图 2.15 通过灯泡发光直观看到结果**
(来源:《穿越计算机的迷雾》)

### 2.2.2 制定运算的法则

既然二进制对于电子设备来说那么好用,我们就多花点儿时间仔细研究一下,先看一看怎么计算它的值。在一个多位二进制数中,数字的位置和 2 的整数次幂的对应关系如图 2.16 所示。

假定有一个二进制数 $111010_{[2]}$(读作"一一一零一零"),它可以分解成如下形式:

$$111010_{[2]} = 100000_{[2]} + 10000_{[2]} + 1000_{[2]} + 10_{[2]}$$

或者用十进制数表示每一个位置的值,拆分为

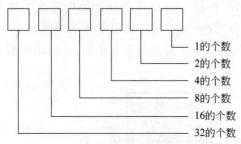

图 2.16　位置决定值的大小（二进制）

$$111010_{[2]} = 1 \times 32$$
$$+1 \times 16$$
$$+1 \times 8$$
$$+0 \times 4$$
$$+1 \times 2$$
$$+0 \times 1$$

或者用 2 的整数次幂（十进制）的形式表示：

$$111010_{[2]} = 1 \times 2^5$$
$$+1 \times 2^4$$
$$+1 \times 2^3$$
$$+0 \times 2^2$$
$$+1 \times 2^1$$
$$+0 \times 2^0$$

将各个部分以十进制的形式相加，就可以计算出 $111010_{[2]}$ 的值为 58。

用二进制记数是这样的：$0_{[2]}, 1_{[2]}, 10_{[2]}, 11_{[2]}, 100_{[2]}, 101_{[2]}, 110_{[2]}, 111_{[2]}, 1000_{[2]},$ $1001_{[2]}, 1010_{[2]}, 1011_{[2]}, 1100_{[2]}, 1101_{[2]}, 1110_{[2]}, 1111_{[2]}, 10000_{[2]}, 10001_{[2]}, 10010_{[2]},$ $10011_{[2]}, 10100_{[2]}, \cdots \cdots$ 最右边的一位（最低位）为 0 和 1 交替。每当该位由 1 变为 0，从右边数第二位（次低位）也随之改变——不是由 0 变为 1，就是由 1 变为 0。因此，每次只要有一个二进制数位的值由 1 变为 0，紧挨着的高位数字也会发生变化（即产生进位）。

如果需要对两个二进制数进行加法或乘法，直接运算要比先转换成十进制再进行运算要简单得多。二进制加法的规则非常简单，如下所示：

| + | 0 | 1 |
|---|---|---|
| **0** | 0 | 1 |
| **1** | 1 | 10 |

下面利用这个加法规则计算两个二进制数的和①：

---

① 从最右边的一列开始做起：1 加上 0 等于 1；右数第 2 列：0 加上 1 等于 1；第 3 列：1 加上 1 等于 0，进位为 1；第 4 列：1（进位值）加上 0 再加上 0 等于 1；第 5 列：0 加上 1 等于 1；第 6 列：1 加上 1 等于 0，进位为 1；第 7 列：1（进位值）加上 1 再加上 0 等于 10。

$$1100101$$
$$+\ \ 0110110$$
$$\overline{10011011}$$

乘法也很简单：任何数乘以 0 的结果都为 0；任何数乘以 1 的结果都是这个数本身。二进制乘法的规则如下所示：

| × | 0 | 1 |
|---|---|---|
| 0 | 0 | 0 |
| 1 | 0 | 1 |

下面是两个二进制数相乘的运算过程：

$$1101$$
$$\times\ \ 1011$$
$$\overline{\qquad 1101}$$
$$1101$$
$$0000$$
$$\underline{1101\qquad}$$
$$10001111$$

需要注意一点，二进制数的位数增加得特别快，极不利于人类的判读。例如，"一千二百万"这个数量用二进制表示为 $10110111000110110000000_{[2]}$。为了让它更易读，通常是每 4 个数字之间用一个连字符或空格分隔①，例如 $1011\text{-}0111\text{-}0001\text{-}1011\text{-}0000\text{-}0000_{[2]}$ 或 $1011\ 0111\ 0001\ 1011\ 0000\ 0000_{[2]}$。

如果把分隔好的每 4 个二进制数字符号变成一个数字符号，就是十六进制数的表示方法（十六进制的 16 个基本数字符号是 0、1、2、3、4、5、6、7、8、9、A、B、C、D、E、F），如此一来，$1011\ 0111\ 0001\ 1011\ 0000\ 0000_{[2]}$ 就可以转换为 $B71B00_{[16]}$。如果把每 3 个二进制数字符号变成一个数字符号，就是八进制的表示方法，$1011\ 0111\ 0001\ 1011\ 0000\ 0000_{[2]}$ 可以转换为 $55615400_{[8]}$。从二进制转换为十六进制或八进制，要比转换为十进制更加直接、便捷。

## 莱布尼茨与二进制

看起来二进制与电学有着不解之缘，好像它是专门为电子元器件量身定做的一样，但是这两者之间原本毫无关联。二进制早在电气时代之前就已经形成了，大约在 1672—1676 年，做出这个伟大贡献的是德国人戈特弗里德·威廉·凡·莱布尼茨。莱布尼茨是伟大的哲学家和数学家，他不但是数理逻辑的开创者，还是和牛顿齐名的数学家，他们分别独立地创建了微积分。当然，这不是他们唯一的共同点，他们生活在同一个时代，也都终生未婚。甚至到了晚年，他们也都研究宗教和神学。

---

① 在阿拉伯数字系统中，如果十进制数很长，是用逗号或者空格分隔的，以利于辨认。比如，"一千二百万"写作 12,000,000 或 12 000 000，这样一眼就可以看出大小了。

尽管莱布尼茨发明了二进制,但这并非是由于他认识到二进制对于计算机来说是多么重要。事实上,尽管他曾经热衷于研究制造计算机,也发明了一台机械计算机,但那台机器却根本不使用二进制工作。如果他要是知道自己发明的二进制现在支配着全世界不计其数的计算机的运行,不知该作何感想。历史上有很多伟大的发明和发现,究其初衷并不是因为它们有用,更多是好奇和偶然的产物,有时候连发明它们的人对它们的应用前景也并不看好,甚至因为担心这些发明具有不良的社会影响而忧心忡忡……

## 2.3　信息的定义和度量

信息技术可以概括成信息的传输、处理和存储技术。电报、电话、手机通信和互联网都是传输信息的手段,计算机和各种控制系统则是处理信息的工具,纸张、胶卷、磁带、光盘等均是存储信息的媒介。

在信息时代,这些相关技术底层的根基就是二进制编码。不仅要用二进制表示数值,还要用二进制表示各种文字符号、图像、视频、音频……正是在深入研究二进制编码的过程中,科学家逐渐弄清楚了信息的本质。

### 2.3.1　字符编码的原理

与其他进制相比,二进制的特殊性在于它是人们能想到的最简单的数字系统,它只有两个数字符号——0 和 1。如果想进一步简化它,就只好把 1 去掉,最后就剩下一个数字符号 0 了。但仅用一个 0 是做不了任何事情的——只有一个符号,或者说只有一个状态,是没有办法产生变化的。我国明代的程允升在《幼学琼林·夫妇》中有一句话,那就是:"孤阴则不生,独阳则不长,故天地配以阴阳。"这句话从哲学上源自中国古代的哲学典籍《易经》,而恰恰是这部书最早尝试用两个符号("- -"和"—")对世间万物进行编码,并启迪了后来二进制的形成[①]。

《易经》的两个基本符号"- -"和"—"(称为阴爻和阳爻),不仅看起来简洁优美,而且很有神秘感,让人浮想联翩。如图 2.17 所示,"- -"很像断开的电路开关,而"—"很像闭合的电路开关,如果把前者作为 0,而把后者作为 1,就可以从图 2.17 中找到 000 到 111 这 8 个二进制数。

《易传·系辞上传》中有这样的论述:"是故,易有太极,是生两仪,两仪生四象,四象生八卦……"其实,两仪是 1 位二进制数,四象是 2 位二进制数,八卦是 3 位二进制数,经过八卦两两组合而成的六十四卦显然就是 6 位二进制数了,如图 2.18 所示。当然,《易经》的卦并不是数制,古代人发明它更主要是希望用它来占卜吉凶或者论述哲学道理。虽然他们没有研究如何运用这些卦进行算术运算(比如艮卦加上震卦、离卦乘以兑卦等),但

---

[①]　在莱布尼茨生活的时代,中国和欧洲交往比较频繁,在中国有一些传教士是莱布尼茨的朋友,给他带去了中国的典籍和各种杂货。其中最让他感到惊讶的是太极八卦图,当时他十分高兴,因为这张图印证了他的想法,在二进制的研究过程中给了他启示和灵感。

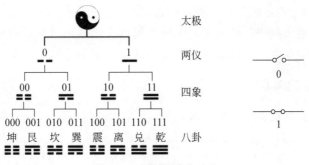

图 2.17　"阴阳"和"0/1"

是他们已经发现,用这两个符号就可以设计出各种不同的组合,借以指代各式各样的事物——这就是一种朴素的编码思想。

现代电子计算机就采用了这种二进制编码的思想,用 8 位二进制数表示 256 种可能的字符(囊括了标准键盘上的所有按键)。这就是美国国家标准学会(American National Standards Institute,ANSI)制定的美国信息互换标准代码(American Standard Code for Information Interchange,ASCII),通称 ASCII 码。例如,在 ASCII 码中,"!"的编码是 $0010\ 0001_{[2]}$,"%"的编码是 $0010\ 0101_{[2]}$,A 的编码是 $0100\ 0001_{[2]}$,空格的编码是 $0010\ 0000_{[2]}$。

图 2.18　六十四卦对应 6 位二进制数

不过,ASCII 码是基于拉丁字母的一套字符编码系统,主要用于显示现代英语和其他西欧语言,所以它不能满足其他国家的需要,例如中文、希腊文、日文和韩文的特殊符号。为了解决这一问题,20 世纪 90 年代,一些组织开始研发可以容纳世界上所有文字和符号的字符编码方案——Unicode(也称统一码、万国码、单一码)。Unicode 利用 32 位二进制数进行编码,最多可以容纳 1 114 112 个字符[①],目前世界上大多数程序用的字符集都是

---

[①]　目前最新的 Unicode 14.0 总共包含了 144 697 个字符,基本覆盖了全世界各个国家语言的字符。

Unicode,这也有利于程序的国际化和标准化。

至此,就可以给出编码的概念了。编码是用以表示其他符号的符号或者用以表示其他词语的词语。更"高大上"的说法就是:编码是从一种抽象向另一种抽象的转换。

### 2.3.2　揭示信息的本质

对于物质、能量和信息这 3 类资源来说,物质资源比较直观,信息资源比较抽象,而能量资源则介于两者之间。人类的认识过程一般都是从简单到复杂、从直观到抽象的,所以人们很早就知道用秤或者天平计量物质的质量了;到了近代,能量的计量也由于卡、焦耳等新单位的出现得到了解决;虽然声音、图画、文字、数值的历史也非常久远,但它们的总称是什么,如何统一地计量,这些问题直到 19 世纪末还没有被明确地提出来,更谈不上如何去解决了。

到了 20 世纪初期,随着电报、电话、照片、电视、无线电、雷达等的发展,如何计量信号中的信息量的问题开始被提上日程。许多科学家都在如何计算信息量这个问题上做了大量的工作,做出决定性贡献的人是美国科学家克劳德·艾尔伍德·香农。1948 年,香农发表的长达数十页的论文《通信的数学理论》成为"信息论"正式诞生的里程碑。在该论文中,他引入了比特[①](bit)这个术语作为信息量的度量单位,并将一条消息的信息量定义为对消息所有可能含义进行编码时所需的最少的比特数。

看完上面的叙述,估计很多人尽管对香农肃然起敬,但对信息量的认识还是一头雾水。举一个简单且易于理解的例子。如果我们不知道张三是男还是女,有人告诉我们答案,那么我们获得的信息量是多少呢? 答案是 1 比特,记作 1b。解释如下:如果用二进制编码 $1_{[2]}$ 表示男,用 $0_{[2]}$ 表示女,对于张三的性别进行编码最少用 1 位二进制数(也就是 1b)就足够了。

有人会说,如果用两位二进制数表示,也就是 2b,不行吗? 当然可以用 $00_{[2]}$ 表示男,用 $01_{[2]}$ 表示女,但这样就浪费了 $10_{[2]}$ 和 $11_{[2]}$,也就是浪费了一半的编码量,所以传递的信息量只是 2b 的一半,即 1b。

再举个例子。如果不知道一种水果在哪个季节成熟——是春、夏、秋还是冬。有人告诉我们答案,那么我们获得的信息量是多少呢? 答案是 2 比特,记作 2b。因为要对春、夏、秋、冬 4 种可能的含义进行编码,最少需要 2 比特——只用 1 比特的话,用 $0_{[2]}$ 表示春,用 $1_{[2]}$ 表示夏,就没法表示秋和冬了。

最后这个例子稍微复杂一点。如果有朋友要来探望你,你打个电话问他周几过来(你需要考虑车辆限号、例会冲突、坐班调休等相关问题,腾出时间招待他)。那么他给你的信息量是多少呢? 你有经验了,不就是看看最少用多少比特就能给周一到周日编码么? 你会发现 2 比特不够用,但 3 比特又多了一点:

---

① 比特是由英文 bit 音译而来的,是二进制数字中的位。20 世纪 40 年代,美国数学家约翰·威尔德·特克提议用 bit 作为 binary digit(二进制数)的缩写。

$$000_{[2]} = 周日$$
$$001_{[2]} = 周一$$
$$010_{[2]} = 周二$$
$$011_{[2]} = 周三$$
$$100_{[2]} = 周四$$
$$101_{[2]} = 周五$$
$$110_{[2]} = 周六$$
$$111_{[2]} （没用上）$$

所以你估计他给了你不超过 3 比特的信息,但具体是二点几比特,仅靠估计是得不到精确结果的。而且,你的估计是建立在概率相等的前提下的,也就是说他来的那天是简单随机的,是周一、周二、周三、周四、周五、周六和周日其中任一天的概率相等,都是 1/7。

但现实是复杂的,没有这么理想化。你的朋友也得上班,咱们假设他工作日来的可能性是 0,那就只有周六和周日了,很显然,1 比特就足以表示了,信息量成了 1 比特(就算不打电话,我也知道不是周六就是周日嘛)!让我们把情况设计得再复杂一点,假设已知他周四和周五一般都是半天班,请个事假也没太大问题,所以周一到周三来的概率为 0,周四来的概率为 12.5%,周五来的概率为 12.5%,周六来的概率为 50%,周日来的概率为 25%。那么他在电话里告诉你哪天过来,这会给你多少信息量? 估计是不超过 2b 的信息(只有周四、周五、周六、周日 4 种情况),但是,到底是一点几比特? 我们依然没法处理。

香农的信息论告诉我们,消息 $M$ 中的信息量可以通过它的熵(entropy)[①]来度量,表示为 $H(M)$,它的单位是比特,计算公式为

$$H(M) = -\sum_{x \in R} p(x) \log_2 p(x)$$

这里,把消息 $M$ 看作一个随机变量,它的概率分布为 $p(x) = P(M = x)$,$R$ 为 $x$ 的取值空间,$\sum$ 是求和运算符。有时也将 $H(M)$ 记为 $H(p)$,将 $\log_2 p(x)$ 简写成 $\log p(x)$,并约定 $0 \log 0 = 0$。

这时就可以计算前面那个估算不准的例子了。朋友周一到周三来的概率为 0,周四来的概率为 12.5%,周五来的概率为 12.5%,周六来的概率为 50%,周日来的概率为 25%,代入熵的公式:

$$
\begin{aligned}
H(M) &= -\sum_{x \in R} p(x) \log_2 p(x) \\
&= -\left( 0 \log_2 0 + 0 \log_2 0 + 0 \log_2 0 + \frac{1}{8} \log_2 \frac{1}{8} + \frac{1}{8} \log_2 \frac{1}{8} + \frac{1}{2} \log_2 \frac{1}{2} + \frac{1}{4} \log_2 \frac{1}{4} \right) \\
&= -\left( 0 + 0 + 0 - \frac{3}{8} - \frac{3}{8} - \frac{1}{2} - \frac{2}{4} \right)
\end{aligned}
$$

---

① 熵指的是体系的混乱程度,它在控制论、概率论、数论、天体物理、生命科学等领域都有重要应用,在不同的学科中也有引申的具体定义,是各领域十分重要的变量。熵由鲁道夫·克劳修斯提出,并应用在热力学中。后来,香农第一次将熵的概念引入信息论。

$$= -\left(-1\frac{3}{4}\right)$$

$$= 1.75$$

从这里可以看出,用数学的语言描述问题,不仅简洁概括,而且逻辑严密。正如马克思所说:"一种科学只有在成功地运用数学时,才算达到了真正完善的地步。"

## 信息是什么?

到目前为止,我们了解了怎么计算信息量。但信息究竟是什么,我们依然没有答案。对此,香农在进行信息的定量计算时明确地把信息量定义为随机不定性程度的减少。这就表明了他对信息的理解:信息是用来减少随机不定性的东西。或香农逆定义:信息是确定性的增加。控制论的创始人诺伯特·维纳则认为:"信息是人们在适应外部世界,并使这种适应反作用于外部世界的过程中,同外部世界进行互相交换的内容和名称。"这也被人们作为信息的经典定义加以引用。

"信息"一词在英文、法文、德文、西班牙文中均是 information,在日文中为"情报",中国台湾称之为"资讯",我国古代用的是"消息"。我们普遍认为,信息是事物发出的消息、指令、数据、符号等包含的内容。人通过获得、识别自然界和社会的不同信息区别不同事物,得以认识世界和改造世界。

# 第 3 章

# 古典密码的历史

数学语言是上帝用来书写宇宙的文字。

——伽利略·伽利雷(意大利科学家)

回顾第 1 章的内容,从图 1.9 中可以看出:信息安全的重点是网络安全,网络安全的要害是计算机安全,而计算机安全的关键则是密码安全! 因此也可以这么认为:密码技术是信息安全中最为核心的技术。

密码的起源可以追溯到几千年前的埃及、巴比伦、希腊、罗马和中国。世界知名密码学家戴维·卡恩在《破译者:人类密码史》一书中说:"人类使用密码的历史几乎与使用文字的时间一样长。"不过,密码技术早期主要应用于军事和外交领域,交战双方都在想方设法保护自己的通信安全,并极力窃取对方的情报。后来,随着科学技术的不断发展,密码技术逐渐进入人们的日常生活之中。

## 3.1  置换密码的思想

公元前 405 年,雅典和斯巴达之间爆发了战争。一次,斯巴达人在一名疑似雅典信使的人身上搜到了一条异样的皮带,上面写满了杂乱无章的希腊字母。斯巴达军队的统帅莱桑德猜测这应该是情报,但是无法揭开其中的奥秘。就在他百思不得其解的时候,无意中把皮带缠在了手中的剑上,从而误打误撞地发现了情报的内容。

如图 3.1 所示,后来的"斯巴达密码棒"就受到了上面这个故事的启发:把皮带缠绕在一个特定粗细的木棒上,然后在上面写好消息(横着书写)。解下皮带后再看(相当于竖着读取),只是杂乱无章的字符。只有再次将皮带以同样的方式缠绕到同样粗细的木棒上,才能看出所写的内容。

图 3.1  "斯巴达密码棒"

我们仔细思考一下,传递的消息经过"斯巴达密码棒"的处理,字母还是那些字母,只不过顺序被打乱了——横竖位置发生了变化。这很像线性代数中的转置矩阵,也就是说,把一个矩阵的行和列互换位置。举一个简单的例子,比如 Alice 要传递消息"This is a bookmark!"给 Bob,去掉标点符号和空格[①],并把字母全部变为大写,则为"THISISABOOKMARK"。这个字符串可以写成一个 3 行 5 列的矩阵,如图 3.2 所示。

| T | H | I | S | I |
|---|---|---|---|---|
| S | A | B | O | O |
| K | M | A | R | K |

图 3.2　把消息写成矩阵形式

你可以想象一下,这个矩阵就相当于把皮带缠绕在密码棒上,然后写上消息的样子。接着,就要把皮带从密码棒上取下来,那么取下来是什么样子? 是不是就相当于按列去读了? 如果按列从左至右、从上到下抄写一遍,得到的字符串就是加密后的消息"TSKHAMIBASORIOK"。这个加密后的消息就算被入侵者 Eve 窃取了,只要 Eve 不清楚加密方法,他也很难从这一长串字符中得到有用的情报。

由于是事先沟通好的,接收者 Bob 自然知道如何从"TSKHAMIBASORIOK"中恢复出原先的消息。首先需要一个和加密时尺寸完全相同(3 行 5 列)的矩阵,可以画一个 3×5 的棋盘格,如图 3.3 所示。

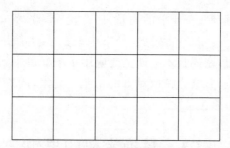

图 3.3　3×5 的棋盘格

接下来,Bob 把加密后的消息"TSKHAMIBASORIOK"从上到下按列抄写到棋盘格里,如图 3.4 所示。

| T | H | I | S | I |
|---|---|---|---|---|
| S | A | B | O | O |
| K | M | A | R | K |

图 3.4　把加密后的消息抄写到棋盘格里

最后,Bob 从左到右按行读取这个矩阵(棋盘格)中的字符,就可以将消息还原出来

---

① 在古典密码学中,为简化模型,认为标点和空格几乎没有信息量,在惜字如金的古代更是如此。

了,即"THISISABOOKMARK"。

　　当然,如果 Alice 和 Bob 觉得这种加密方式太简单,容易被智商颇高的 Eve 察觉——毕竟,多试几次就有可能猜出这个矩阵的尺寸,这样加密就失效了——那么,还可以加大其破解的难度。如图 3.5 中左图所示,Alice 把每一列都标上不同的序号。

```
3   4   2   1   5        4   1   5   2   3
T   H   I   S   I        S   O   R   I   B
S   A   B   O   O        A   T   S   K   H
K   M   A   R   K        A   M   I   O   K
```

图 3.5　更加复杂的 2 轮置换加密

　　Alice 在进行加密的时候,不再从左到右读取每一列了(太容易被猜到),而是按照序号标识的顺序读取每列:先读序号为 1 的列"SOR",再读序号为 2 的列"IBA",然后读序号为 3 的列"TSK",接着读序号为 4 的列"HAM",最后读序号为 5 的列"IOK",这样得到了加密后的消息"SORIBATSKHAMIOK"。如果想将这个加密后的消息还原,不仅需要知道矩阵的尺寸,还要知道列的序号"34215"。

　　当然,Alice 和 Bob 还可以进行多轮加密,让 Eve 破解的困难更大。如图 3.5 中右图所示,把上一步加密后的消息"SORIBATSKHAMIOK"写到另一个矩阵(3 行 5 列)之中,并改变了每一列的序号。然后,再按照序号标识的顺序先后读取每列,得到第二轮加密后的消息"OTMIKOBHKSAARSI"。在第二轮加密时,Alice 在改变序号的同时还可以改变矩阵的尺寸,比如变成 5 行 3 列,这就进一步加大了破解的难度。

　　从上面的加密过程可以看出,接收方 Bob 想要还原消息,需要和发送方 Alice 事先商定 3 个参数:一是加密的次数,二是每次加密的矩阵尺寸,三是每次加密的列序号。如果入侵者 Eve 想窃取消息,就得对加密后的字符进行反复试验,猜中这 3 个参数,难度是相当大的。

　　除了上面这种行列转置,还有一种简单的置换密码,就是栅栏密码。顾名思义,这种加密方式就是从围绕庭院的栅栏(图 3.6 左图)得到的启示。还是沿用上面的例子,不过这一次 Alice 打算换个更加省事的方法,把一个类似"栅栏"的模板(图 3.6 右图)放在消息"THISISABOOKMARK"上面。可以看到,从第 2 个字符开始,模板每隔一个字符的位置就恰好挡住一个字符。Alice 先将没有挡住的字符抄写下来,即"TIIAOKAK";然后将挡住的字符抄写下来,即"HSSBOMR";最后将这两串字符连接起来,形成密文"TIIAOKAKHSSBOMR"发送给 Bob。

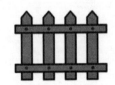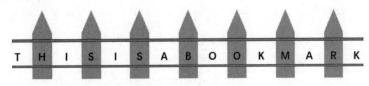

图 3.6　栅栏密码的加密原理

Bob 接收到密文之后,就按照字符串的长度画一个单行的表格,并在每个格子的上方标好序号。接下来,首先把字符串的前半段"TIIAOKAK"依次抄写在奇数序号下方的格子里,然后把字符串的后半段"HSSBOMR"依次抄写在偶数序号下方的格子里,这样就恢复出了原始的消息,如图 3.7 所示。

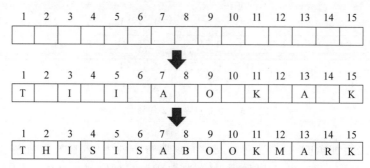

图 3.7　栅栏密码的解密原理

比栅栏密码更为简单的是倒序密码,其核心思想就是将消息中的字符次序颠倒过来。比如,Alice 将消息"THISISABOOKMARK"颠倒次序写出来,形成了密文"KRAMKOOBASISIHT"。Bob 接收到密文后,再将其次序颠倒,就能恢复出原始消息。

栅栏密码、倒序密码与前面讲过的行列转置同属一类。它们都有一个本质的特征,就是"把消息的字母重新排列,打乱顺序",所以称之为置换或换位。当然,由于倒序密码和栅栏密码过于简单,在历史上出场次数很少。就算是能玩出花样的行列转置实用性也不是很强,通常是与另外一类密码技术结合使用,这就是古典密码的主角——代换密码。

## 信息隐藏技术

在生活中,人们很容易看到一些和密码学很类似但又有着本质不同的信息安全措施,信息隐藏就是有代表性的一种。比如,一群学生在准备一次考试,题型为选择题(选项为 A、B、C、D)。其中,张三准备得很充分,他决定"帮助"一下其他人。考前,大家约定用以下方式传送答案:如果张三咳嗽,表示该题答案为 A;如果叹气,表示答案为 B;如果跺脚,表示答案为 C;如果转笔,表示答案为 D。外界(老师和其他同学)可能会注意到张三的行为,这些行为是公开的信息,其中却隐藏着秘密信息,也就是题目答案。《西游记》中孙悟空拜师学艺的时候也出现了类似的场景,须菩提祖师手持戒尺,在大庭广众之下"将悟空头上打了三下,倒背着手,走入里面,将中门关了……"徒弟们都看到老师发怒责打了孙悟空,但只有孙悟空领悟了老师的暗示——"三更时分存心,从后门进步,秘处传他道也"。

另一种信息隐藏技术就是隐写术,不仅常在中外影视作品中出现,而且我国古代早已有之。据《三朝北盟汇编》记载,靖康元年(公元 1126 年),开封被敌军围困之时,宋钦宗"以矾书为诏"发出指令,采用的就是"以矾书帛,入水方现"的方法。它主要是用明矾溶于水得到一种"矾水",然后用这种"矾水"在布条上书写秘密情报,布条晾干之后看上去是无字的。收到该情报的人需要将布条浸水,才能让上面的字迹再次显现出来。后来的"不可见墨水"也是如此,都是用一些特殊材料书写之后不留下痕迹,除非加热或者加入某些化学物质,才能显露出信息。

目前,数字水印已成为信息隐藏技术的研究热点,它是将特制的标记隐藏在数字产品之中,用以证明原创作者对作品的所有权,解决版权保护和信息防伪等问题。所以说,信息隐藏就是将某一秘密信息隐藏于另一公开的信息内容中,其形式可以是任何一种数字媒体,如图像、声音、视频或一般的文本文档等,然后通过公开信息的传输来传递秘密信息(图3.8)。信息隐藏的目的是要掩盖秘密信息的存在,让别人只关注到秘密信息的载体——公开信息。而密码学则不需要通过这种隐蔽性实现安全,它是通过对秘密信息进行转换,实现信息对外的不可读。

图 3.8　信息隐藏之"暗语"

# 3.2　代换密码的技巧

除了"把消息的字母重新排列,打乱顺序"这类置换密码之外,还有一种思路就是将消息的字母替换成其他字母、数字或符号,称为代换或替换。这类加密方法不仅简单、实用,而且可以变出更多的花样,是古典密码学的主流。到了 19 世纪下半叶,随着科学技术的发展,人们使用机械进行更为复杂的代换加密,使得密码技术在战争和商业中大放光彩。

## 3.2.1　单表代换的出现

公元前 2 世纪,希腊人波利比乌斯发明了一种简单的代换密码,被后世称为棋盘密码或 Polybius 方表。如图 3.9 所示,以英文为例,将 26 个字母按照顺序放在一个 5×5 的棋盘里面(I 和 J 放在同一个格子里)。这样,每个字母都对应两个数字——一个是该字母所在行的标号,另一个是该字母所在列的标号。比如,字母

|   | 1 | 2 | 3 | 4 | 5 |
|---|---|---|---|---|---|
| 1 | A | B | C | D | E |
| 2 | F | G | H | I/J | K |
| 3 | L | M | N | O | P |
| 4 | Q | R | S | T | U |
| 5 | V | W | X | Y | Z |

图 3.9　棋盘密码

C 对应 13,M 对应 32,Y 对应 54。

　　于是,按照这个棋盘密码,就可以把任意一串英文消息加密为一串数字了。解密的方法也是一样。比如,接收到的加密消息为"23-15-31-35-32-15-24-11-32-45-33-14-15-42-11-44-44-11-13-25"(为了辨识方便添加了横线),对照着图 3.9 的棋盘格,很容易就可以解读出原始消息为"HELPMEIAMUNDERATTACK"[1],即"Help me. I am under attack!"

　　在专业术语中,将原始的未加密的数据称为明文,而将加密的结果称为密文。用棋盘密码加密之后,明文和密文有着明显的不同之处——明文是字母,密文成了数字。而另一种基于代换思想的加密方法——恺撒密码[2]处理之后的密文和明文一样,还是字母。

　　如图 3.10 所示,恺撒密码也叫移位密码(shift cipher)或加法密码。它的基本思想是:通过把字母移动一定的位数实现加密和解密。明文中的所有字母都在字母表上向后(或向前)按照一个固定步长进行偏移并被替换成密文字母。比如,当步长是 3 的时候,明文中的所有字母 A 将被替换成 D,B 变成 E,以此类推,X 变成 A,Y 变成 B,Z 变成 C。

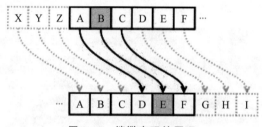

**图 3.10　恺撒密码的原理**

　　如果明文还是"HELPMEIAMUNDERATTACK",向后移动的步长是 3,密文就是"KHOSPHLDPXQGHUDWWDFN"。如果让每一个字母等价于一个数值,即 A=0,B=1,…,Z=25,那么恺撒密码的加密公式可以写为

$$C=(M+3)\bmod 26$$

其中,$M$ 为明文字符,$C$ 为对应的密文字符。如果移动的步长可以是任意整数 $k$,则更加通用的加密公式为

$$C=(M+k)\bmod 26$$

　　解密公式为

$$M=(C-k)\bmod 26$$

　　由此可见,移位密码的方法很容易掌握,其关键就是移动的步长 $k$,称为密钥,而加密和解密的过程都要在密钥的控制下进行。

　　需要特别注意的是,随着密码学的不断发展,在现代密码学中,数据安全基于密钥而不是算法的保密。也就是说,对于一个密码体制,其算法是公开的,可以供所有人使用和研究,但某次具体加密过程中使用的密钥则是保密的。如果把加密和解密算法看作一个

---

①　24 可以解读为 I 或 J,但根据上下文很容易推测出是 I 还是 J。

②　据说恺撒是率先使用这种代换加密的人,因此这种加密方法被称为恺撒密码。但历史文献中还记载了恺撒使用的另一种加密方法——把明文的拉丁字母逐个代之以相应的希腊字母,这种方法看来更贴近恺撒在《高卢战记》中的记叙。

函数,密钥就类似于函数中的参数的具体取值。函数的类型、计算方法都可以公开,但某次使用过程中具体参数的设置是保密的。

如果沿着上面的思路,即把加密和解密看作函数运算,进一步推广,那么还可以得到和加法密码类似的乘法密码,加密公式为

$$C = (M \times k) \bmod 26$$

还可以把加法密码和乘法密码结合起来,构成具有两个参数 $k_1$ 和 $k_2$ 的仿射密码,加密公式为

$$C = (k_1 M + k_2) \bmod 26$$

当 $k_1 = 1$ 的时候,仿射密码就变成了加法密码;当 $k_2 = 0$ 的时候,仿射密码又变成了乘法密码。

## 一场政治阴谋中的密码战

16 世纪的苏格兰女王玛丽一世[①]是密码学史中的传奇人物。她在 27 岁时被自己的姑姑——英格兰女王伊丽莎白一世囚禁了起来,一关就是 18 年。到 44 岁时,她在囚禁处里与外界反叛军密谋杀害姑姑,夺取王位。当时的信件都是通过特殊渠道传入囚禁处,最后由侍女在递送红酒时藏在瓶塞中带给玛丽一世的。但玛丽一世还是非常小心谨慎,对所有的通信都使用代换方法加密,这样就算不慎落入伊丽莎白一世的手中,也没人看得懂。具体操作就是将所有的英文字母用特殊设计的符号替换,一些常用词也用符号代替,如图 3.11 所示。

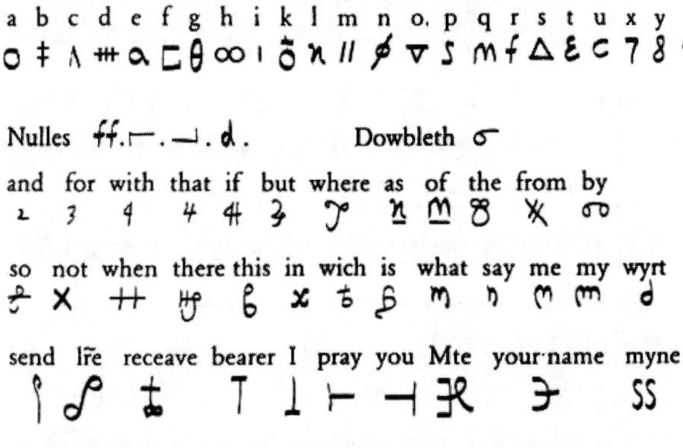

图 3.11　玛丽一世使用的明文和密文对照

玛丽一世熟练掌握了这种代换加密技术,写信可以直接使用密文,不用一个个字母查对照表。不幸的是,在这个特殊消息传递的渠道里竟然隐藏着一个内奸,他把情况汇报给伊丽莎白一世。在位的英格兰女王正愁抓不到把柄,这下终于有机会名正言顺地处死玛丽一世了。不过伊丽莎白一世没有打草惊蛇,她打算抓到足够的证据,把整个阴谋背后所有的参与者一起除掉。于是,玛丽一世和

---

① 玛丽一世与“血腥玛丽”不是同一个人,虽然她们名字类似,而且处于同一时代,但前者是苏格兰女王,后者是英格兰女王。

外界的每封信都先经过内奸送到专门的团队原样抄写,然后再密封好,就像从没有被截获过那样,递出囚禁处。团队里的人再拿着抄写好的密文想法破解,最终他们成功了。玛丽一世被判处死刑,这场密谋的政变失败了。

### 3.2.2　分析破译的线索

辩证法告诉我们:"矛盾存在于一切事物的发展过程中,每一事物的发展过程中存在着自始至终的矛盾运动。"密码学也不例外,这个领域中同样存在着一对矛盾——密码编码学和密码分析学。密码编码学研究的是通过编码技术改变被保护信息的形式,使得编码后的信息除指定接收者之外的其他人都不能理解。密码分析学研究的是如何攻破一个密码系统,恢复被隐藏的信息的本来面目。

如图 3.12 所示,Alice 和 Bob 希望通过加密算法实现安全通信,而入侵者 Eve 企图在不知道解密密钥及加密技术细节的条件下对密文进行分析,以获取机密信息。

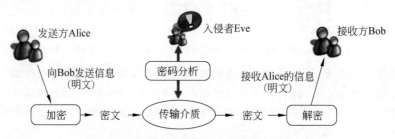

图 3.12　密码编码与密码分析的关系示意图

那么入侵者 Eve 会采用什么方法破译密码呢? 最直接的方法就是穷举攻击,也就是把所有的加密算法和密钥都尝试一遍,直到试出正确的加密算法和密钥为止。当然,这种方法耗时耗力,是最蠢笨的。但是,无论多么优秀的密码技术,都必须要考虑到穷举攻击的威胁,尤其是在信息系统具有了强大的计算能力之后。

聪明的人善于发现并利用规律,密码分析的专家肯定不会局限于穷举攻击这么低级的手段。大名鼎鼎的侦探夏洛克·福尔摩斯[①]就是这么一个厉害的角色,他破译密码的能力在《跳舞的小人》中展现得淋漓尽致。

一个叫希尔顿·丘比特的人拿着几张稀奇古怪的纸条找到福尔摩斯,上面画着一行行跳舞的小人,如图 3.13 中左图所示,他感到非常困惑,因为他的妻子看到这些小人就会非常惊恐,而且这些奇怪的小人文字隔一些日子就会出现在他家的窗台上或工具间的门上。他请求福尔摩斯帮忙解开这个谜团。福尔摩斯在分析了前后几张纸条上的信息之后,终于破解了其中的秘密,最终捉住了恶人。

显然,福尔摩斯很了解古典密码,尤其是代换技术。他不仅猜测出了打着旗子相当于一个单词的结束,而且利用频率分析的思想进行了合理的推理,从而确定了每个小人和英文字母的对应关系,如图 3.13 右图所示。

---

① 福尔摩斯是 19 世纪末的英国侦探小说家阿瑟·柯南·道尔塑造的一个才华横溢的侦探角色。福尔摩斯系列小说包含 4 个长篇、56 个短篇,故事的发生年代大约是 1875—1907 年。

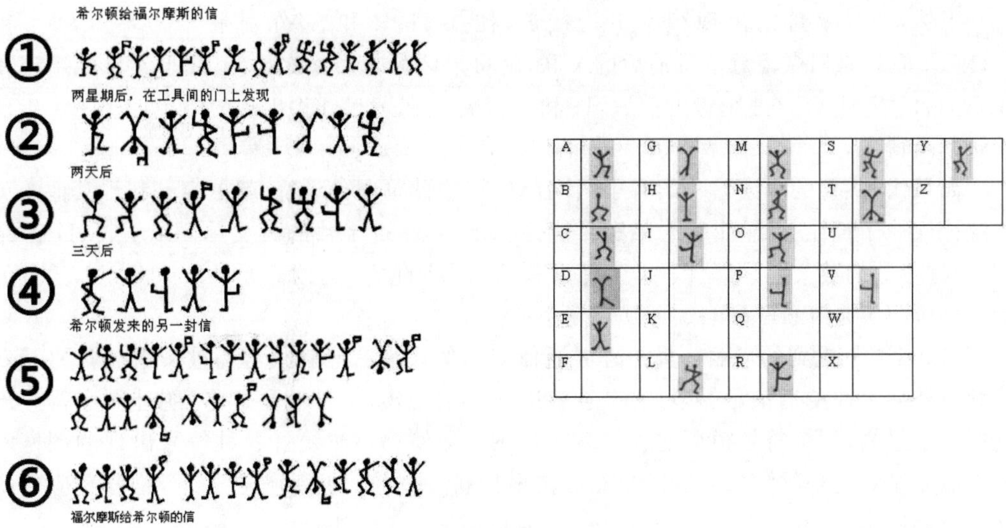

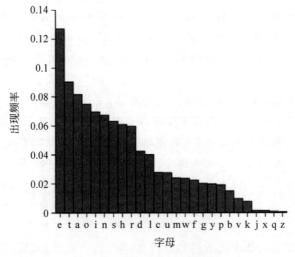

图 3.13 《跳舞的小人》中的例子

　　频率分析法在 9 世纪的阿拉伯[①]就出现了,只是到了 16 世纪才被欧洲数学家注意到。它的原理其实很简单——在使用自然语言的时候,字母出现的频率是不一样的。如图 3.14 所示,在英文文献中,E 是出现频率最高的字母(达 12.7％),其次是 T(9.1％),然后是 A、O、I、N 等,出现频率最低的是 Z(0.1％)。而单表代换技术很难隐藏这样的统计信息,其明文中的每个字母只是简单地被替换成另一个符号而已,那么,密文中某个符号出现的次数与它在明文中对应的字母出现的次数是一样的。所以,在大多数情况下,可以认定出现频率最高的符号最有可能代表 E。

图 3.14 英文字母的出现频率

_____

　　① 密码破解方法最早的文字记录可以追溯到 9 世纪阿拉伯通才 Al Kindi 所著的《破解加密消息的手稿》(*A Manuscript on Deciphering Cryptographic Messages*),这篇文章论述了频率分析的方法。

当然,有些字母的出现频率极为接近,比如 H、R 和 S,分别是 6.09%、5.98% 和 6.32%。但只要稍微留意字母前后的关联,就可以区分它们。比如,T 几乎不可能出现在 B、D、G、J、K、M、Q 这些字母的前后,H 和 E 经常连在一起,EE 出现的频率远比 AA 出现的频率高得多,等等。

如果像《跳舞的小人》一样,有了"打着旗子"这种单词分隔符,就更容易利用其他的英语统计规律了。比如,单个符号最有可能是 A 或 I,超过半数的英文单词以 E、S、D、T 结尾,接近半数的英文单词以 T、A、S、W 开头,最常见的双字母组合是 TH、HE、IN,最常见的三字母组合是 THE、ING、AND,等等。

像 3.2.1 节提到的玛丽一世与外界通信使用的代换密码就很容易被破解。只要截获的她与外界来往的通信足够多,字符总量达到一定规模,全部收集起来,统计哪个符号出现的频率最高,那个符号很可能就代表字母 E。即使第一步统计各种符号出现的频率时并不能完全确定,只要多尝试几次,然后再根据拼写的统计规律筛选一下,符号对应的明文字母就确定了。

历史上,在审讯的过程中,玛丽一世始终没有承认自己要密谋杀害姑姑。但证人和密码学专家一起向公众展示了她与外界通信的密文和明文,并揭露了加密和解密的详细规则,最后玛丽一世还是被砍了头。这是密码编码学和密码分析学在王权斗争中最著名的一次应用,密码分析学大胜。

## 信息战中的博弈

1942 年 1 月,美国和日本在太平洋战场上激战正酣。美军在打捞上来的日本战舰残骸中发现了一个密码本,从而破译了日本海军的部分密码。到了 5 月,美军谍报人员已经能够读懂接近三分之一的日军密电,但还是不知道日军用于描述特定地点的那些代号的含义。比如,在一份截获的日军密电中,就透露出"AF"将会是一次攻击的主要目标。作为美国海军夏威夷情报中心的指挥官,约瑟夫·罗切福特猜测这次攻击很有可能发生在中途岛,但还需要进一步证实。

罗切福特设计了一个巧妙的方法以确定"AF"的含义。他让中途岛的美军发出一份明文电报,大意是由于蒸馏设备损坏,中途岛急需淡水。然后又让珍珠港的总部煞有介事地回电:已向中途岛派出供水船。果然,日军很快就中招了。美军截获了一份新的日军密电,电文中通知主力进攻部队携带更多的淡水净化器,以应对"AF"淡水匮乏。这就证实了"AF"的确指代中途岛。可以说这一情报直接决定了日本在中途岛海战中的惨败,进而成为整个太平洋战争的转折点。

### 3.2.3  多表代换的升级

前面讲到的代换密码技术之所以容易被频率分析法攻破,关键就在于其明文中的任何一个字母都只有一个固定的密文字母与之对应,所以也称为单表代换。如果要消除频率特征,就应该为明文中的每个字母提供多种代换方式。比如,字母 E,时而用字母 D 代换,时而用字母 X 代换,这就是多表代换密码技术。

然而,信息交换是双方的事情,不能只考虑加密方便,也要考虑解密易行。如图 3.12

所示,如果 Alice 随意代换明文中的字母,让密文中字母的频率特征大致相等。这样入侵者 Eve 的确是没法破解了,但 Bob 也没有办法恢复出密文中的信息了。这就相当于 Alice 与 Bob 断了联系,失去了通信的意义。

所以,对明文中每个字符提供多种代换方式的多表代换不能太随意,必须有规则,才可以保证通信双方达成共识。而规则又要有一定的复杂性,才不容易被第三方破解。下面介绍的维吉尼亚(Vigenere)密码就是其中的经典。

下面举一个例子展示维吉尼亚密码的基本原理。明文是"attack begins at five",去掉空格并将字母改为大写,就成了"ATTACKBEGINSATFIVE"。让每一个字母等价于一个数值,即 A=0,B=1,…,Z=25,那么明文"ATTACKBEGINSATFIVE"对应的数值序列就是"0 19 19 0 2 10 1 4 6 8 13 18 0 19 5 8 21 4"(为辨识方便,在数值间添加了空格)。

如果每个字母都移动固定的步长 2,那就是前面讲过的单表代换。现在变动步长,比如,明文第一个字母移动的步长为 2,第二个字母移动的步长 8,第三个字母移动的步长为 15,第四个字母移动的步长为 7,第五个字母移动的步长为 4。当然,不可能继续无规律地变动下去,太长的密钥不容易记住,所以就反复使用"2,8,15,7,4"这 5 个步长,如图 3.15 所示。

**图 3.15　维吉尼亚密码的加密原理**

图 3.15 中的第一行显然是明文本身;第二行是明文中每个字母对应的数值;第三行是将 5 个步长"2,8,15,7,4"反复书写到和明文长度一致,以确保明文每个字母都有对应的步长;结果的第一行是明文每个字母对应的数值与对应步长相加然后进行模 26 运算的结果,采用的加密公式为 $C=(M+k)\bmod 26$。再把这个结果中的每个数值转换为对应的英文字母,就得到了最终的密文"CBIHGBDMVPRJCBUPZV"。

仔细观察一下图 3.15,明文第 2 个字母和第 3 个字母都是 T,但由于是多表代换,加密之后分别是 B 和 I,这就对频率统计起到了干扰作用,也就是说同样的字母加密之后会被不同的字母代换。同理,密文的第 2 个字母和第 6 个字母都是 B,而在明文中对应的字母却分别是 T 和 K。

可以看出,维吉尼亚密码的算法和恺撒密码是一脉相承的,两者的区别是:恺撒密码(单表代换)的密钥是一个固定的数字,比如 4 或 3;而维吉尼亚密码(多表代换)的密钥是多个不同的数值,比如上面的例子中用到的 2,8,15,7,4。

当然,"2,8,15,7,4"这样的密钥不好记忆,远不如一个有意义的单词让人印象深刻。于是,干脆找一个英文单词,将其每个字母对应的数值当作密钥不就行了? 比如,"密码"一词的英文 cipher 对应的数值序列是"2,8,15,7,4"。所以,明文为"attack begins at five"，密钥为"cipher"，进行维吉尼亚密码加密的结果如图 3.16 所示。

|   | A | T | T | A | C | K | B | E | G | I | N | S | A | T | F | I | V | E |
|---|---|---|---|---|---|---|---|---|---|---|---|---|---|---|---|---|---|---|
|   | 0 | 19 | 19 | 0 | 2 | 10 | 1 | 4 | 6 | 8 | 13 | 18 | 0 | 19 | 5 | 8 | 21 | 4 |
| + | C | I | P | H | E | R | C | I | P | H | E | R | C | I | P | H | E | R |
|   | 2 | 8 | 15 | 7 | 4 | 17 | 2 | 8 | 15 | 7 | 4 | 17 | 2 | 8 | 15 | 7 | 4 | 17 |
| = | C | B | I | H | G | B | D | M | V | P | R | J | C | B | U | P | Z | V |
|   | 2 | 1 | 8 | 7 | 6 | 1 | 3 | 12 | 21 | 15 | 17 | 9 | 2 | 1 | 20 | 15 | 25 | 21 |

图 3.16　以英文"cipher"为密钥的维吉尼亚密码加密结果

既然维吉尼亚密码这么强大，它是不是无法破解呢？当然不是。在其出现的 200 多年之后，也就是 1863 年，一位业余数学爱好者、普鲁士退役炮兵少校卡西斯基出版了《密写和破译的艺术》。这本只有 95 页的书成为人类历史上第一部讲述如何破解多表代换的著作。下面给出这本书中介绍的破解方法——卡西斯基试验（Kasiski examination）并探讨其背后的机理。

举一个典型的例子，明文为"the sun and the man in the moon"，密钥为"king"，加密过程如图 3.17 所示。如果仔细观察一下密文，就会发现里面先后出现了两个相同的字符串"BUK"，这两个字符串出现的位置相隔 8 个字符，恰好是密钥长度的 2 倍。这两个"BUK"对应的明文都是"THE"，对应的密钥都是"ING"。

|   | T | H | E | S | U | N | A | N | D | T | H | E | M | A | N | I | N | T | H | E | M | O | O | N |  | 明文 |
|---|---|---|---|---|---|---|---|---|---|---|---|---|---|---|---|---|---|---|---|---|---|---|---|---|---|---|
|   | 19 | 7 | 4 | 18 | 20 | 13 | 0 | 13 | 3 | 19 | 7 | 4 | 12 | 0 | 13 | 8 | 13 | 19 | 7 | 4 | 12 | 14 | 14 | 13 |  |  |
| + | K | I | N | G | K | I | N | G | K | I | N | G | K | I | N | G | K | I | N | G | K | I | N | G |  | 密钥 |
|   | 10 | 8 | 13 | 6 | 10 | 8 | 13 | 6 | 10 | 8 | 13 | 6 | 10 | 8 | 13 | 6 | 10 | 8 | 13 | 6 | 10 | 8 | 13 | 6 |  |  |
| = | D | P | R | Y | E | V | N | T | N | B | U | K | W | I | A | O | X | B | U | K | W | W | B | T |  | 密文 |
|   | 3 | 15 | 17 | 24 | 4 | 21 | 13 | 19 | 13 | 1 | 20 | 10 | 22 | 8 | 0 | 14 | 23 | 1 | 20 | 10 | 22 | 22 | 1 | 19 |  |  |

图 3.17　维吉尼亚密码破解示例

也就是说，如果在密钥循环到整数倍的时候，正好出现相同的明文，那么明文就会被加密成相同的密文。这就是破解维吉尼亚密码最关键的部分——从密文中把完全一样的字符串挑出来，从中总结规律，分析出密钥的长度。

当然，分析密钥长度的具体方法分为以下几步：

- 第一步，是从密文中找出拼写完全相同的字符串，尤其是那些长度大于 4 的重复出现的密文字符串。比如一篇几百个字符的密文中，长度超过 4 并且重复出现的字符串一共有 4 种模式，就把它们标识为甲乙丙丁。
- 第二步，统计它们第一次出现到第二次出现间隔了多少个字符。比如，甲字符串的重复间隔了 20 个字符，说明这段 20 个字符长度的密文中密钥反复使用了若干次。具体是 1 次、2 次、3 次还是 4 次？其实都有可能。把所有可能性都列出来：
  - ◆ 假设密钥长度是 2，则反复使用了 10 次。
  - ◆ 假设密钥长度是 4，则反复使用了 5 次。

◆ 假设密钥长度是 5，则反复使用了 4 次。

◆ 假设密钥长度是 10，则反复使用了 2 次。

◆ 假设密钥长度是 20，则只使用了 1 次。

其实就是把间隔数的所有因数都找出来。对乙、丙、丁的情况也按照同样的步骤操作，还会得到很多种密钥长度的可能性。

- 第三步，到底哪个可能性才是对的呢？只要看看哪个因数在甲、乙、丙、丁模式的因数列表里都存在，那个因数对应的密钥长度就是最终的答案。

也许有些人觉得，知道密钥具体的内容才行啊，光知道它的长度有什么用呢？其实不然。

比如，已经知道密钥的长度是 5 了，那就意味着：将密文中第 1，6，11，…个字符单独挑出来放在一起作为 A 组，它们是用同样的步长加密得到的；再把第 2，7，12，…个字符挑出来放在一起作为 B 组，它们是用另一个步长加密得到的……如此一来就能得到 5 组字符，每一组都退化为单表代换！对于单表代换，继续使用频率分析法就可以轻易破解了。

## 3.2.4　适度保护的原则

从 3.2.3 节的论述中可以发现，多表代换的根本漏洞在于循环使用密钥进行加密。在循环使用同一个密钥的情况下，只要明文足够长，总有相同明文字符串遇到相同密钥字符串的时候，这就会让截取者有办法猜中密钥的长度。而一旦知道了密钥的长度，就等于把维吉尼亚密码（多表代换）化简为 $N$ 套最为简单、基础的恺撒密码（单表代换）了。

如果想堵上这个漏洞，搞出一个无法破解的加密算法，就得让多表代换的密钥既无规律又无限长。这就是密码学上的无条件安全，即理论上不可攻破的密码方案。其效果就是，无论有多少可以使用的密文，都不足以唯一地确定在该体制下密文所对应的明文。

1917 年出现的一次一密（one-time pad）是最接近这个理想状态的加密方案。它把大量不重复的密钥写在一张张纸上，然后再做成一个密码本。如果密码本的一页上有 20 个密钥字符，Alice 要向 Bob 发送一份 300 个字符的明文，那么就得用掉 15 页密钥，还得把使用过的这 15 页密钥销毁。同样，接收者 Bob 也需要一个与 Alice 完全相同的密码本，一旦接收到一份密文，就要使用同样数量的密钥解密，然后销毁这些密钥。

很明显，实现一次一密的难度和代价实在是太大了。一方面，密钥中的字符要随机地无规律地出现，想一想技术方案就让人头疼；另一方面，记录这些无穷无尽的密钥的密码本应该是无限厚的……在实际的通信过程中，密钥不仅不可能无限长，实际上也不可能太长——如果太长了，操作者一个字符接着一个字符地对照、计算、对照、计算……保持绝对同步，不仅麻烦，而且太容易出错。就算到了信息时代，密钥随用随生成，但由于密钥至少和消息一样长，安全传递密钥本身的复杂性就相当于甚至高于传递消息本身，因此这种加密方案并没有什么实用价值。

于是，这就触及了密码的代价或者说通信成本这么一个很有意思的问题。从理论上讲，人们可以制定无穷复杂的密码方案；但在实践中，受具体客观条件的影响，必须根据使用情况做出某种妥协。换言之，就是在一定程度上牺牲密码编码的安全性，以获取整体密码操作的可行性和便利性。套用网络上的一句话——"理想很丰满，现实很骨感！"

总之,大家要清楚一点——所有实用的加密算法都不是无条件安全的,也就是说,在理论上都是可能被攻破的。所以,常用的加密算法只是力争做到有条件的安全,也就是计算上的安全,即一个密码方案不能被可以使用的计算资源所破解。它们至少应该满足下面的两个条件之一:

(1) 破解密码的代价超出信息的价值。

(2) 破解密码的时间超出信息的有效期。

如果满足第一个条件,那么对于破解密码的人来说,这么做就得不偿失。就像耗费了一万元的人力物力盗取了价值几千元的财物。如果满足第二个条件,意味着当密码被破解的时候,明文实际上已经丧失了使用价值。就像在战斗结束的时候才破解了战斗开始的时间和地点,胜负已定,该情报就没有什么意义了。这个思想也可以归纳为信息安全中的一个基本原则:

**适度保护原则**(principle of adequate protection)  信息资源在失去其价值之前必须被保护。它们被保护的程度与它们的价值是一致的。

# 3.3  最后的辉煌——转轮密码机

在 20 世纪 40 年代之前是古典密码一统天下的阶段,这一阶段主要是通过人工编码,也就是纸加笔的方式。这些几千年流传下来的加密和解密方法如此低效率,显然无法满足工业革命浪潮下的军事和商业方面的应用。

于是,古典密码的集大成者——转轮密码机(rotor,简称转轮机)技术出现了。尤其是其中的佼佼者——Enigma,它不仅是人类历史上第一台批量制造的实用的密码机器,而且间接引出了现代计算机的出现,更让人意想不到的是它还直接影响了第二次世界大战的进程![1]

## 3.3.1  横空出世的战争利器

在 1918 年前后,也就是第一次世界大战刚刚结束时,德国人亚瑟·谢尔比乌斯、美国人爱德华·赫本、荷兰人亚历山大·科赫、瑞典人阿维德·达姆几乎同时发现了转轮机的基本原理:通过硬件卷绕实现从转轮机的一边到另一边的单字母代替,然后将多个这样的转轮机连接起来,就可以实现几乎任何复杂度的多个字母代替。

为什么不同国家的这么多人都突然聚焦到同样的发明上面?是英雄所见略同还是有一股看不见的力量操控?其实是因为工业革命之后,随着科学技术的发展,加密解密这种有规律的"体力活"已经可以由机器完成,它们既不会抱怨累,也不大容易出错。尤其是19 世纪末进入电气时代,有了比蒸汽机更加强大且精巧的电动机,人们就更专注于研发自动化机械设备,它们不仅能替代人类的体力劳动,还要替代人类进行脑力劳动。

---

① 想了解更多关于 Enigma 的技术细节和惊心动魄的故事,请阅读赵燕枫的《密码传奇》一书。

## 谁 的 发 明

将某项发明的荣誉授予个人总是备受争议。人们将白炽灯的发明归功于托马斯·爱迪生,但是其他研究者也曾研制了类似的灯泡,从某种意义上说,爱迪生只是比较幸运地获得了专利。人们认为是莱特兄弟[①]发明了飞机,但他们曾与其他人竞争并受益于其他人的研究。在某种程度上,他们又被达·芬奇抢先了,这位全才早在 15 世纪就有了玩玩飞行机器的想法,不过达·芬奇的设计看起来也是借鉴了前人的思想。当然,对于这些发明,被认定的发明人的杰出贡献基本上是毋庸置疑的。

到底是谁发明了维吉尼亚密码,历史上是有很多争议的。一般认为,设计出这套加密方法的是法国外交官布莱斯·德·维吉尼亚;但是在维吉尼亚完成这项发明之前 40 多年,德国炼金术士约翰尼斯发明的表格法就包含了多表代换的关键部分;在此之前 80 多年,意大利诗人莱昂就提出过这种方法的关键思想。穷究一个发明的归属有必要吗? 当然没有。但这里面有一个规律——凡是出现了一堆人抢一个发明权的情况,就说明那个领域已经比较成熟了。

同样,对于维吉尼亚密码的解法到底是谁搞出来的也有争议。20 世纪之前,人们一直以为是卡西斯基在 1863 年破解的,称之为卡西斯基试验。随着更多资料的公布,人们发现剑桥大学的巴贝奇在更早的 9 年前就已经写出了解法。只不过受限于当时英国和俄国的克里米亚战争,英国情报部门禁止他公开发表成果。损失了一个发明者的荣誉,换来的是英国轻松获得俄方机密文件的技术优势。发明者无法第一时间发表成果获得荣誉,这既是密码学领域的特点,又是密码学研究者躲不过的委屈。

如图 3.18 所示,左图就是转轮机的转子,右图则是转轮机的加密原理。为了简单起见,这里仅用 6 个字母代表所有的明文符号(在实际中如果使用英文,就是总共 26 个字母)。在图 3.18 右图(a)中,可以看到,转子的作用就是把键盘上的每个字符(明文)通过电线连接映射到显示器上的小灯(密文)。如果按下了 b 键,显示器上的 A 灯亮起,这就表示 b 被加密为 A 了,这就是简单代换密码。当然,如果只是这么简单,那么手工加密就足够了,何必搞出这么一套机械来? 所谓转子,就意味着会转动! 当按下一个键之后,相应的密文在显示器上显示,然后转子就自动地转动一个字母的位置。

图 3.18 的右图(a)中,第一次按下 b 键时,信号通过转子中的连线,A 灯亮;放开 b 键后,转子转动一格,各字母对应的密文就改变了;在图 3.18 右图(b)中,第二次按 b 键时,它对应的字母就变成了 C;在图 3.18 右图(c)中,基于同样的原理,第三次按 b 键时,E 灯亮。这显然不是一种简单代换密码了。明文中多个相同的字母可以被代换为不同的符号,而密文中的同一个符号可能代表明文中的不同字母,频率分析法在这里没有了用武之地。这种加密方式就是 3.2 节介绍的多表代换密码,也称为复式替换密码。

---

① 莱特兄弟(Wright Brothers)是美国著名的科学家,哥哥是威尔伯·莱特(Wilbur Wright),弟弟是奥维尔·莱特(Orville Wright)。

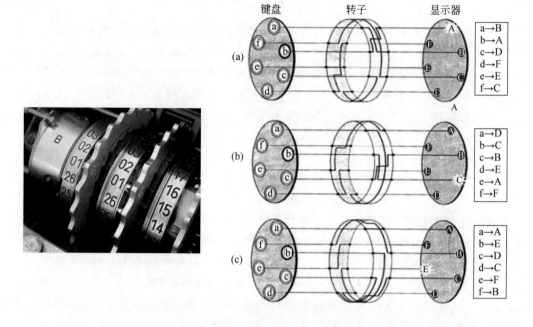

图 3.18　转轮机的转子(左)及其加密原理(右)

　　但是,如果连续按 6 个字母键(在实际中是英文的 26 个字母),转子就会整整转一圈,回到原始的位置上,这时编码就和最初重复了。而在加密过程中,重复的现象是很危险的,这可以使试图破解密码的人发现规律性的东西,即 3.2.3 节讲到的卡西斯基试验。

　　于是,谢尔比乌斯在设计 Enigma 的时候又加了两个转子(在第二次世界大战后期,德国海军用的 Enigma 甚至有 4 个转子)。当第一个转子转动一圈之后,就会带动第二个转子转动一个字母的位置;而第二个转子转动一圈之后,同样会带动第三个转子转动一个字母的位置。这样看起来有点像钟表的秒针、分针和时针的齿轮关系[1]。所以,用 3 个转子之后相当于加密了 $26\times26\times26=17\,576$ 个字母之后才会重复原来的代换映射。当然,这 3 个转子是不一样的,如果把它们交换一下位置,还可以出现 6 种不同的组合。后来德国海军甚至搞出了 8 个不同的转子作为标配,每次从中挑出 3 个使用,这就出现了 $6\times C_8^3=2016$ 种不同组合。

　　此外,谢尔比乌斯在键盘和第一转子之间还增加了一个连接板(plugboard),如图 3.19 所示。在右图中能够看到,使用者可以用一根连线把某个字母和另一个字母连接起来,这样,这个字母的信号在进入转子之前就会转变为另一个字母的信号。这种连线最多可以有 6 根(后期的 Enigma 加上了更多的连线),这样就可以使 6 对字母的信号互换,其他没有插上连线的字母保持不变。不要小看了这一机关,它增加了 100 391 791 500 种

---

　　① 在此基础上,谢尔比乌斯十分巧妙地在 3 个转子的一端加上了一个反射器。这个机关可以使译码的过程和编码的过程完全一样。也就是说,只要转轮的设置(相当于密钥)一样,从键盘输入密文之后,同样可以在灯盘(lampboard)上亮起小灯,指示解密后的明文。

不同的变化,配合 3 个转子的变化,已经有了超过一兆种可能性。

**图 3.19　Enigma 密码机**

从 1925 年开始,谢尔比乌斯的工厂开始系列化生产 Enigma,次年德军开始使用这些机器。在接下来的 10 年中,德军大约装备了 3 万台 Enigma。

谢尔比乌斯的发明使德国具有了最可靠的加密系统,这也是德军常用的战术——闪击战(也称闪电战)屡屡成功的关键。在这种大规模快速协同作战中,各装甲部队之间,它们和步兵、炮兵之间必须能够快速而保密地进行联系。不仅如此,地面部队的进攻还必须由轰炸机群掩护支援,它们之间也必须有可靠的联络手段。可见,闪击战的力量在于在快速安全的通信保证下的快速进攻。而在第二次世界大战开始的时候,装备了 Enigma 的德军,其通信的保密性在当时世界上无与伦比。

### 3.3.2　矛与盾的强力碰撞

对 Enigma 的破解之旅起始于波兰——这个对德国怀有极大恐惧的国家。从地理位置上不难看出,第一次世界大战之后,波兰的局面很不乐观:西面是对失去旧日领土耿耿于怀的德国;而在东面,则是强大的苏联。关于这两个强邻的情报是有关生死存亡的大事!

为了搞清楚德国军方的意图,波兰人费尽心力,把当时国内最优秀的数学家①都招募起来进行密码研究。在此以前,密码分析人员通常是语言天才,需要精通对语言方面特征的分析。而波兰的这一举措,开创了批量动用数学家参与密码破解的先河。以雷杰夫斯基为首的波兰数学家没有辜负政府的期望,他们通过跟踪分析、算法改进、机械设计等手段,成功破解了早期的 Enigma,获取了一些德军情报。

到了 1939 年,波兰人对德军的密码分析之路已经走到了尽头:一方面,德军在 Enigma 不断升级的过程中填补了很多漏洞,而波兰军方的破解工作在人力、物力、财力上都难以为继;另一方面,第二次世界大战马上要全面爆发了,波兰的沦陷就在眼前。

于是,波兰情报部门在 7 月将自己的破译成果——Enigma 仿制品和破译机器的图纸

---

① 代表人物就是后来被称为密码研究"波兰三杰"的马里安·雷杰夫斯基(Marian Rejewski)、杰尔兹·罗佐基(Jerzy Rozycki)和亨里克·佐加尔斯基(Henryk Zygalski)。

等——全部送给了法国和英国盟友。就这样,在击败 Enigma 的漫漫征途上,波兰人跑完了第一棒,现在,轮到英国人接棒了。为什么不是法国人呢?因为第二年 6 月,法国也迅速兵败投降了。

英国密码局在伦敦以北约 80km 的一个叫布莱切利的地方征用了一座庄园,建立一个新的机构——政府代码及加密学校(Government Code and Cipher School,GC&CS)。此后,英国密码局开始通过局内人际关系从牛津大学和剑桥大学招聘数学家和数学系学生,其中就有后来举世闻名的"计算机科学之父"和"人工智能之父"阿兰·图灵。

图灵等人仔细分析了波兰人的成果和德军密电的特点,在此基础上设计了一种更加通用的破译机器——Bombe(炸弹),如图 3.20 所示。在丘吉尔首相的亲自过问下,经过图灵和同事们的不懈努力,布莱切利庄园克服了经费不足和人才短缺的困难。到 1942 年底,英国密码局拥有了 49 台 Bombe,密码分析人员的队伍也在持续扩大。与此同时,针对敌人的情报战也不断取得胜利。到了 1943 年 8 月,布莱切利庄园已经可以 100% 破译该月所截获的德军重要密电了。

图 3.20　Bombe 仿制品的外观(左)与内部结构(右)

Enigma 作为"一代名机",以极高的起点傲然出世,多年以后又遭到了毁灭性的打击。再联系上波澜壮阔的第二次世界大战,其戏剧性之强,在密码学历史上也着实罕见。回顾转轮密码机 Enigma 的这段经历,可以给我们带来了很多思考和启示:

- 科学技术的发展是密码学得以前进的基石。相比单表代换,多表代换的破解难度上了一个新的台阶,按理说应该备受青睐吧?结果恰恰相反——它在出现后的 200 年里,几乎没有人使用。直到第一次工业革命,用机械代替人力,多表代换才得到推广。而 Enigma 的发明也很大程度上归功于第二次工业革命之后电器设备的出现。
- 实践的需要是推动密码学前进的最大动力。Enigma 发明之初并不被人看好,而一旦绑上德国的隆隆战车,就获取了充分的施展空间。英国一开始对 Enigma 的破译并不上心,但眼看欧洲局势不可收拾了,才倾尽全国之力打造破解工具。
- 密码编码和密码分析既彼此对抗,又相互促进。Enigma 以机械化编码的方式终结了纯手工编码的千年历史,而 Bomba(波兰研制的破解设备)和 Bombe 又以机械化分析的方式终结了 Enigma。它们的出现又推动密码学在第二次世界大战之后进入了计算机主导的阶段,正所谓"长江后浪推前浪"。

- 在密码对抗乃至整个信息安全领域中，人的因素是第一位的。没有谢尔比乌斯等人的设计，Enigma 不会出世；没有以雷杰夫斯基为首的波兰数学家的贡献，Enigma 的破解就缺少基础；没有图灵等人的努力，Enigma 也不会最终败亡。整个过程表明，那种传统的、几个语言学家在小黑屋里埋头苦干的古典密码编码和分析方式已经彻底过时了。面对更加复杂的系统，必须有更多人的高效分工和密切配合，才可能获得成功。
- 密码对抗的代价，或者说信息战的代价，随着科学技术的发展日趋增大。Enigma 这种看似成本不算太高的设备，在纳粹德国也只是装备到了陆军团以上的部队。在破解 Enigma 的过程中，波兰倾家荡产也无法应对到底，英国更是投入难以计数的人力物力。信息战这个几千年来原本是个人对个人、小团队对小团队的斗智斗勇，在最近的几十年里竟然发展成为国家与国家综合实力的全面碰撞。而在这条看不到尽头的道路上，谁也无法停下狂奔的脚步。

# 第4章

# 现代密码的飞跃

我们所使用的工具影响着我们的思维方式和思维习惯,从而也深刻地影响着我们的思维能力。

——艾兹格·迪科斯彻(计算机科学家,图灵奖获得者)

如果以 20 世纪 40 年代作为分界线,可以把整个密码学的历史划分为两个阶段——在此之前称为古典密码阶段,在此之后称为现代密码阶段。一方面是因为电子计算机的出现,让密码学家的工作如虎添翼,密码学的发展从此进入了快车道。另一方面是因为香农在 1949 年发表了一篇题为《保密系统的通信理论》的著名论文,该论文首先将信息论引入密码学,把密码置于坚实的数学基础之上,不仅奠定了密码学的理论基础,也标志着密码学作为一门学科的形成。

## 4.1  对称密码体制

在古典密码阶段,人们只能加密文字(往往还局限于字母类文字)。毕竟在手工书写并传递信息的时期,图像、图形和声音都无法便捷地存储,更谈不上加密了。所以,研究这一阶段密码编码和密码分析的学问也称为经典密码学。

到了现代密码阶段,文本、音频、图像、图形等各种形式的信息都可以进行二进制编码,存储和加密这些二进制编码也非常方便。这主要是计算机技术带来的变革,所以这一阶段的密码学也称为计算机密码学。

### 4.1.1  序列密码

回顾第 3 章介绍的古典密码,我们可能会有一个疑问:每个国家都有信息安全的需要,尤其是在战争时期。但为什么欧洲国家就走得很远,古代中国却没有发展出复杂的加密方法呢?很简单,是信息的记录方式把中文卡住了。只要使用象形文字,注定会停留在"信息隐藏"这个阶段,很难发展出更加高级的密码学技术。

例如,明文是英文字符串"attack begins at five",用恺撒密码(移位法)加密,直接把每个字母后移 3 位即可。如果明文是中文"将于五点钟发起进攻",压根就不存在把"将"这个字向后移动 3 位是什么字的概念。也就是说,无法把每个汉字都对应一个数值,做步长为 3 的加减。所以对于中文这类象形文字来说,能做的顶多也就是"藏头诗""隐写术",

或者打乱汉字的顺序(置换)。

字母文字天生就有一个简单的字母顺序表,一切字母都可以视为数值。于是,对数值的运算就成了自然而然的加密方法,方案数量不仅是无限多的,类型和差异也会非常大。如此一来,字母文字在编码和破解的对抗中会逐渐升级,从猜字谜的层次升级到数学运算的层次。

中文真的就没有可以数学化的方法吗?以目前的史料考证,直到近代也一直没有出现过。不过,一旦跨入了信息时代,这个看似难于登天的问题就迎刃而解了——文字、音频、图像、图形等各种形式的信息都可以进行二进制编码,都可以数字化处理! 这让人不禁想起了南宋大儒朱熹的诗《泛舟》:"昨夜江边春水生,艨艟巨舰一毛轻。向来枉费推移力,此日中流自在行。"

在 2.2.2 节,介绍了两个二进制数如何进行加法、乘法这类数学运算,其实二进制数之间还可以进行逻辑运算,比如异或。异或的数学符号为 $\oplus$,其规则非常简单——"相同为 0,不同为 1",如下所示。

| $\oplus$ | 0 | 1 |
|---|---|---|
| 0 | 0 | 1 |
| 1 | 1 | 0 |

如何利用异或进行加密呢?如图 4.1 所示,假设明文是一个字符串"AN",转换为输入计算机的 ASCII 码是 16 位的二进制序列"01000001 01001110",密钥是与之长度相等的序列"01101100 01001001"。然后,根据上面的异或运算规则进行对应二进制位的异或运算,得到密文"00101101 00000111"。

$$AN \Longrightarrow \quad 01000001\ 01001110 \quad 明文$$
$$\oplus \quad 01101100\ 01001001 \quad 密钥$$
$$00101101\ 00000111 \quad 密文$$

**图 4.1　序列密码的加密流程**

在设计加密算法的同时,一定要考虑解密的便捷问题。如何对密文"00101101 00000111"进行解密呢?这就体现了选择异或运算的优势——只要使用相同的密钥序列对密文进行异或运算,就可以恢复出明文,如图 4.2 所示。

$$00101101\ 00000111 \quad 密文$$
$$\oplus \quad 01101100\ 01001001 \quad 密钥$$
$$AN \Longleftarrow \quad 01000001\ 01001110 \quad 明文$$

**图 4.2　序列密码的解密流程**

从上述例子可以看出,明文、密钥和密文都是二进制序列,明文某个二进制位和密钥对应的二进制位进行异或运算,得到相应的密文二进制位[①]……1 位紧跟着 1 位出现,就如同工厂里的生产流水线一样,所以这类加密技术称为序列密码,也称为流密码。

———————————
① 可以设计为每次操作一位或一字节(8 位)的单元。一个典型的序列密码每次加密一字节的明文,例如 RC4。

序列密码的核心就是产生密钥流的算法,最理想的状态就是能够产生可变长的、随机的、不可预测的密钥流。但保持通信双方的精确同步也是序列密码在实际应用中的关键,所以通信双方必须能够产生相同的密钥流,那么这种密钥流就不可能是真随机流,只能是伪随机流。

于是,通信双方事先沟通好将来使用的原始密钥 $K$,等到通信时就各自将同样的原始密钥输入密钥流发生器,生成一个与明文等长的、看似随机的密钥流。序列密码的结构如图 4.3 所示。

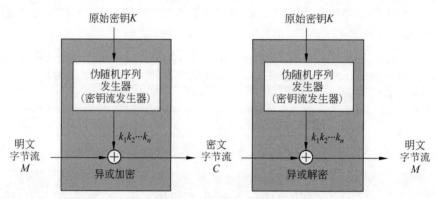

**图 4.3　序列密码的结构**

不难看出,序列密码正是由一次一密(见 3.2.4 节)发展而来的。它们的区别在于:序列密码使用的密钥是伪随机序列;而一次一密使用的是真正的随机序列,在理论上是无法攻破的。

## 真随机与伪随机

密码学随着科学技术的发展不断进步,但有的门槛却始终难以跨越。比如,产生真正的随机序列就是一件几乎不可能的事。这一点似乎颠覆了很多人的日常经验——各种音频软件不是都有随机播放的选项吗?但我要告诉你,其实那都是伪随机。

如果是真正随机的播放,你应该经常遇到这种情况:"刚过去的歌儿怎么又来了一遍?"或者"总共就 20 首歌,播了一天,为什么我最喜欢的那首从没出现过?"苹果公司就曾经因为用户抱怨随机播放显得"不够随机"而修改了算法。原先的方案是趋近于真的随机,后来就改成了用户喜欢的"随机播放"——循环同余随机,也就是让用户感觉当前播放的歌曲不是刚听过的,而且在比较合理的次数后,每首歌都能轮到一次。

在生活中人们常见的一些"随机现象",比如随机字符串或者双手在键盘上一通乱敲,这些也都不是真随机。只要敲的数量足够多,都可以得出统计规律来。Alice 乱敲键盘的模式和 Bob 的模式是不一样的,各有各的特征。不同的用户在网上随意乱逛也具有潜在的特点,电商平台就善于通过收集数据来生成"用户画像",从而进行精准营销。

可以这么认为,凡是通过软硬件产生的随机都是伪随机。只有在大自然中一些已经被证明是随机的量子物理过程[1]才是真的随机。

## 4.1.2 分组密码

4.1.1 节介绍的序列密码使用了简单的按位运算,即每次加密明文数据流中的一位或一字节。由于计算机在运算方面不怕麻烦,完全可以设计出更加复杂的加密方案,这就是分组密码。先把明文划分为许多分组(通常是 64 位或 128 位),在密钥控制下,每个明文分组被当作一个整体以产生一个等长的密文分组,并且这种变换是可逆的(即解密)。

数据加密标准(Data Encryption Standard,DES)[2]的产生被认为是现代密码学发展史上的里程碑之一。DES 利用的思想还是古典密码学里代换和置换的组合,不过使用的是二进制编码,流程更为复杂。如图 4.4 所示,它首先将明文分成每 64 位一组,对一组内 64 位的明文进行初始置换(IP),也就是按照规定的模板打乱它们的顺序;然后,在 64 位主密钥产生的 16 个子密钥控制下,进行 16 轮乘积变换(代换和置换的组合);最后,交换左右 32 位,再进行初始逆置换(IP$^{-1}$)就得到了 64 位密文。

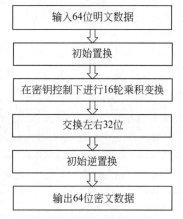

图 4.4   DES 算法的基本流程

DES 的出现是密码学史上的一个创举。以前所有设计者对于密码体制及其设计细节都是严加保密的;而 DES 的算法可以公开发表,任由大家研究和分析,真正实现了安全性完全依赖于加密时所用的密钥。而且 DES 除了密钥输入顺序之外,加密和解密的步骤完全相同,这就使得在制作 DES 芯片时易于做到标准化和通用化,非常适合现代通信的需要。

从应用实践来看,DES 具有良好的雪崩效应。所谓雪崩效应,就是明文或密钥的微小改变将对密文产生很大的影响。通过实验发现,两段仅有一位不同的明文,使用相同的密钥进行 3 轮迭代,所得两段准密文就有 21 位不同;同一段明文,使用两个仅一位不同的密钥加密,经过数轮迭代之后,有半数的位都不一样了。

## "怪词"文化

从 1976 年 11 月起,分组密码的一套规范就成了美国国家标准学会的加密系统官方标准,简称 DES。任何人只要想了解,都可以得到这份外号"魔王"的规范。据说,当初设计者一直把这套算法叫作"示范算法"(demonstration),但 20 世纪 70 年代的操作系统对文件名长度有限制,于是只能截取前几位字母——Demon,而 Demon 又是恶魔的意思,后来大家就用另一个恶魔的名

---

① 比如一种半导体管叫齐纳管,它被电流击穿后产生的白噪声是真随机。有些放射线的原子,在衰变的时候会向外辐射 α 粒子,如果把 α 粒子一个个射出来的时间间隔记录下来,这些间隔的数字是真随机的。

② DES 是由 IBM 公司在 20 世纪 70 年代研制的。经过政府的加密标准筛选后,于 1976 年 11 月被美国政府采用,随后被美国国家标准协会所认可。

字——路西法(Lucifer),也就是"魔王"来称呼这个算法了。

IT领域中经常会出现一些怪词,比如本书后面会提到的黑客(hacker)、程序错误(bug)、垃圾邮件(spam)、博客(blog),包括"魔王"这个名字在内,它们背后都有故事。这些故事综合在一起,在20世纪70年代后形成了一种全新的主流文化——IT文化。本书在1.2.2节介绍过,爱丽丝(Alice)、鲍勃(Bob)和伊芙(Eve)也是IT领域(信息安全)里的著名虚拟人物。这3个人名不仅有着自己的故事,而且在正式的学术讨论中已经成为标准用语。

在3.2.2节中提到过,无论多么优秀的密码技术,都必须考虑到穷举攻击的威胁。穷举法又称为完全试凑法或暴力破解法。它的思想很简单,就是对一条密文尝试所有可能的密钥,直到获得有意义的明文。只要有足够多的计算时间和存储容量,原则上穷举法总是可以成功的。

假设密钥只有1位,那么密钥只能是0或1,破解最多需要尝试2次;当密钥为2位时,破解需要4次;当密钥为6位时,破解需要64次……平均而言,获得成功至少要尝试所有可能密钥的一半。针对不同密钥长度,穷举法的破解时间(尝试一半密钥时间)如表4.1所示。

表 4.1　穷举法的破解时间

| 密钥长度/位 | 密钥个数 | 每微秒执行一次加密所需时间 | 每微秒执行100万次加密所需时间 |
|---|---|---|---|
| 32 | $2^{32}$ | 约36分钟 | 2.147毫秒 |
| 56 | $2^{56}$ | 1142年 | 10小时 |
| 128 | $2^{128}$ | $5.4\times10^{24}$年 | $5.4\times10^{18}$年 |
| 168 | $2^{168}$ | $5.9\times10^{36}$年 | $5.9\times10^{30}$年 |
| 26个字符的排列组合 | 26! | $6.4\times10^{12}$年 | $6.4\times10^{6}$年 |

从表4.1中可以看出,密钥越长,越难通过穷举法破解。但密钥也不能无限长,因为密钥越长使用起来也越费事。在20世纪70年代末,有密码学家估算过,如果使用100万个当时最先进的专用芯片制造一台破解DES的并行计算机,是能够在一天的时间内穷举整个密钥空间(56位实际密钥+8位校验码)的。但这样一台计算机需耗资2000多万美元,只有美国国家安全局这样的极少数机构才有能力投入如此惊人的财力、人力和技术,这样就做到了计算上的安全。

但密码学家也预测,随着计算速度的大幅提升和硬件成本的不断下降,到20世纪90年代以后DES将不再那么安全。所以,密码学家未雨绸缪,开始着手对DES进行改进,主要基于以下两种思路:

(1) 用DES进行多次加密,且使用多个密钥,这就是多重DES,好处就是用于DES的已有软硬件能够继续使用。

(2) 设计全新的算法以取代DES,比如高级加密标准(Advanced Encryption Standard,AES)。

　　序列密码、分组密码都属于计算机密码学,是基于二进制编码的,这与基于文字字符的经典密码学截然不同。但从另外一个角度看,它们和经典密码学的技术又是一致的——都属于对称密码体制,也称为单钥密码体制。如图 4.5 所示,在对称密码体制中,加密和解密时用到的密钥相同,或者加密密钥和解密密钥之间存在确定的转换关系,很容易相互推导出来。

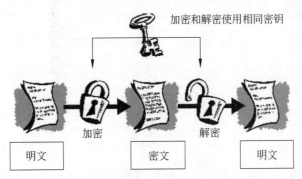

图 4.5　对称密码体制的加解密流程

　　乍一看,这个特点似乎很自然——我们锁门和开门时用的钥匙不也是一模一样么?但正是这个特质,使得对称密码体制在实际应用中暴露出越来越多的缺陷。举一个例子:老师要求同学们把课后作业上传到公共邮箱或网盘中,但是又不希望同学们相互抄袭(张三从公共邮箱中下载一份李四的作业,修改一下再上传,作为自己的作业),就需要让每个同学都要进行加密上传。在对称密码体制下,大家不能使用同一个密钥,否则李四加密后上传,张三依然可以下载、解密并抄袭,因为用这个密钥加密就可以用它再解密。这就迫使每个同学使用与其他人不同的密钥,老师又得记住每一个同学的密钥,否则老师也无法解密并批改作业。

　　当同学人数为 59 的时候,老师就得记住 59 个密钥,这还是所有同学只和老师通信的情况。如果同学之间也两两加密通信,那么老师和同学每个人都要保存 59 个不同的密钥,总共存在 1770 个不同的密钥。如果一个通信网络有 $n$ 个用户,那么整个网络中就需要 $C_n^2 = n(n-1)/2$ 个密钥。一个拥有 10 万个用户的民用密码通信网就要保存接近 50 亿个密钥,而且还要经常地产生、分配和更换密钥,其困难程度可想而知。

# 4.2　非对称密码体制

　　鉴于 4.1.2 节最后提出的密钥管理问题和其他一些不足,人们希望设计一种新的密码,从根本上克服对称密码体制的缺陷。1976 年,美国斯坦福大学的迪菲和赫尔曼发表了《密码学的新方向》(*New Direction in Cryptography*)一文,首次公开提出了非对称密码体制(即公钥密码体制)的概念,开创了现代密码学的新时代。

## 4.2.1　非对称密码的特点

　　如图 4.6 所示,非对称密码体制要求密钥成对出现:一个为公开的密钥,简称公钥;

另一个为非公开的密钥,简称私钥。这两个密钥不可以从其中一个推导出另一个。而且,使用其中一个密钥加密,必须用另一个密钥才能解密,这也是非对称的本意所在。

　　还是回到交作业这个例子,老师可以采用非对称密码体制的算法生成自己的一对密钥,然后在课堂上或者网络上公布自己的公钥,同学们可以使用老师的公钥对作业进行加密并上传到公共邮箱或网盘中。显然,同学们无法通过登录公共邮箱或网盘抄袭别人的作业(用老师的公钥加密的文件,是不能用该公钥解密的)。而老师则可以下载同学们的作业,用自己的私钥解密并批改。这样,只需要一对密钥就解决问题了,比对称密钥方便多了。

**图 4.6　非对称密码体制的加解密流程**

　　如果老师和同学们两两之间进行通信,可以每个人都事先生成自己的一对密钥,然后把自己的公钥发布出去,就像把自己的电话号码公开在电话簿或班级主页上一样。任何一位同学或老师要与某个人(例如张三)通信时,只要查找到张三的公钥,用此公钥将明文加密为密文,然后把密文传送给张三。在此过程中,只有张三可以用自己的私钥对收到的密文进行解密,从而恢复出明文,完成保密通信。

　　当 60 位师生两两之间加密通信时,每个人只需记住自己的私钥,并把公钥发布到网上就行了。整个系统也仅仅处理 60 对密钥,相比对称密码体制下经常产生、分配和更换1770 个不同的密钥显然要方便得多。

　　有人可能会问:既然非对称密码技术那么好,不仅可以很方便地发布公钥进行通信,而且需要管理的密钥数量更少,那么对称密码技术还有什么用呢?这就涉及两类技术的优缺点比较了,如表 4.2 所示。

　　从算法速度上看,对称密码技术特别快,而非对称密码技术很慢。如果进行大规模数据的加密和解密,采用非对称密码不仅计算复杂度高,而且影响通信的时效性。所以,一般利用非对称密码处理规模特别小的数据,正常的文件传输或消息传递还是采用对称密码技术。

　　通过这两类密码技术的对比,我们会发现它们是互补的——对称密码技术的优点正是非对称密码技术的缺点,而对称密码技术的缺点恰好是非对称密码技术的优点。人们在工作生活中也经常会遇到类似的情况:一种算法或技术在某些场景下很"厉害",但应用场合一变就"秒怂"了,此时另一种以往表现不怎么样的算法却能够发挥出让人意想不到的作用。正所谓各有所长,并没有绝对的强与弱,只有具体情景下的合适与不合适而已。

表 4.2   对称密码技术和非对称密码技术的比较

| 比　较　项 | 对称密码技术 | 非对称密码技术 |
| --- | --- | --- |
| 密钥数量($n$ 方通信) | $n(n-1)/2$ 个 | $n$ 对 |
| 算法速度 | 较快 | 较慢 |
| 算法对称性 | 对称(解密密钥可以从加密密钥中推算出来) | 不对称(解密密钥不能从加密密钥中推算出来) |
| 主要应用领域 | 大规模数据的加密和解密 | 进行数字签名、确认、鉴定、密钥管理和数字封装等 |
| 典型算法实例 | DES、IDEA、AES 等 | RSA、ElGamal、背包加密体制、椭圆曲线加密体制等 |

## 4.2.2  RSA 算法的原理

非对称密码技术之所以如此神奇,是因为它的本质与对称密码技术完全不同——对称密码是基于代换和置换的,而非对称密码则是基于数学难题的。比如当前广泛使用的非对称密码算法——RSA,就是基于数论中大数分解和素数检测难题的。

首先谈一谈素数检测这个难题。素数又称质数,其定义为:一个大于 1 的自然数,除了 1 和自身之外,不能被其他自然数整除。换句话说,只有两个正因数(1 和自身)的自然数即为素数。比 1 大但不是素数的自然数称为合数。1 和 0 既非素数也非合数。合数是由若干素数相乘而得到的。可以认为素数是合数的基础,没有素数就没有合数。

素数在数论中有着如此重要的地位,使得人们很想搞清楚它的基本规律。遗憾的是,素数似乎就没有什么规律。一方面,素数的分布很不均匀:100 以内的素数有 26 个,1000 以内的素数有 168 个,1 000 000 以内的素数有 78 498 个……总体来说,随着范围的扩大,素数的数量相对减少,1~$N$ 的素数占比随着 $N$ 的增大趋近于 $1/\ln N$。另一方面,素数看起来没有明显的特征,如果一定要总结点规律,那就是:除 2、5 这两个特例之外,素数的个位只能是 1、3、7、9 这 4 个数字之一[①]。不过,无法根据其个位数判定一个自然数是否为素数。例如,2、3、5、7、17、101、401、601、701 都是素数;但 301 和 901 却是合数,301 可以分解为 7×43,901 能够分解为 17×53。

正是由于素数没有规律,使得检测素数只能根据定义试除。也就是用 2~$n-1$ 的所有自然数去除 $n$,如果都不能整除,则 $n$ 就是素数。当然,还有一些优化的方法,比如用 2~$\sqrt{n}$ 的所有自然数去除 $n$。但总体来说,这些方法在复杂度上没有质的变化,都是笨拙的方法。

---

① 据统计,1000 以内且个位为 1、3、7、9 的素数(忽略 2 和 5)有 166 个。其中,个位为 1 的素数有 40 个,占总数的 24.10%;个位为 3 的素数有 42 个,占 25.30%;个位为 7 的素数有 46 个,占 27.71%;个位为 9 的素数有 38 个,占 22.89%。

## 如何得到一个大的素数

由于检测素数的方法如此笨拙，人们很早就开始研究：能不能找到一个代数式，只要输入一个自然数，最终计算出的结果就是素数呢？有人做过这样的计算：$1^2+1+41=43,2^2+2+41=47,3^2+3+41=53$……于是推理出这样一个"公式"：设一个正整数为 $n$，则 $n^2+n+41$ 的值一定是一个素数。这个"公式"一直到 $n=39$ 时都是成立的；但当 $n=40$ 时，$40^2+40+41=1681=41\times41$，是一个合数。另一个"公式"$n^2-79n+1601$ 命运也是一样的。它一直到 $n=79$ 时都是成立的；但当 $n=80$ 时，$80^2-79\times80+1601=1681=41\times41$，是一个合数。

被称为"业余数学家之王"的费马曾经发现一个计算素数的公式：$F(n)=2^{2^n}+1$。当 $n$ 等于 0、1、2、3、4 时，$F(n)$ 分别为 3、5、17、257、65 537，都是素数。由于 $F(5)=4\,294\,967\,297$ 实在太大了，费马生前没有验证完就直接猜测：对于一切自然数，$F(n)$ 都是素数。这便是费马数。万万没想到，就在 $F(5)$ 上出了问题。费马死后的第 67 年，25 岁的瑞士数学家欧拉终于计算出 $F(5)=4\,294\,967\,297=641\times6\,700\,417$，是一个合数。更出人意料的是，$F(5)$ 之后的所有费马数（目前计算机能够验证出来的）全都是合数。素数和费马开了个大玩笑！

所以，一直没有简便快捷的途径可以产生任意大的素数。通常使用的方法是：随机挑选一个期望大小的奇数，测试它是否为素数；若不是，则挑选下一个随机奇数，直至检测到素数为止。

接下来谈一谈大数分解这个难题。通过动手实践就能体会到：两个大素数相乘在计算上是很容易实现的；但要将该乘积分解为两个大素数因子，计算量却相当巨大，大到甚至在计算上不可能实现。比如前面例子中的 4 294 967 297，在没有计算机的年代，人们很难在有效时间内将这个 10 位自然数分解为两个素数因子。现在有了计算机，分解一个 10 位的自然数不在话下；但要分解一个几百位的数字，依然难度极大，近乎不可能。

在 $RSA$ 算法中是这样生成公钥 $(N,e)$ 和对应的私钥 $d$ 的：

(1) 独立地选取两个大素数 $P$ 和 $Q$（规模都是 100～200 位十进制数字），计算 $N=P\times Q$，其欧拉函数值 $z=(P-1)(Q-1)$。

(2) 随机选取一个整数 $e$，使得 $1\leqslant e<z$ 且 $\gcd(z,e)=1$ 成立。其中，gcd 为求最大公约数函数。

(3) 计算 $e$ 模 $z$ 的乘法逆元，即根据 $e\times d\equiv1(\bmod z)$ 计算 $d$。

(4) 销毁 $P$ 和 $Q$。

如果要从公钥 $(N,e)$ 中推算出对应的私钥 $d$，就必须想方设法把 $N$ 重新分解为两个素数因子 $P$ 和 $Q$。这在计算上是不可能的，而且这种不可能是由数学理论保证的——$N$ 越大，找到 $P$ 和 $Q$ 这两个因子的耗时就增加得越多。银行系统使用的 RSA 加密，都要求 $N$ 是一个超过 300 位的大数。想分解这样一个大数，需要把当前全球的计算机都集中起来，算上几亿年才行。

使用 RSA 算法进行编码的方法如下（明文为 $M$，密文为 $C$）：

（1）对明文加密得到密文：$C = M^e \bmod N$。

（2）对密文解密得到明文：$M = C^d \bmod N$

可以看出，无论是在加密还是在解密的过程中，都需要进行幂运算和取模，这就使得算法速度很慢（与对称密码技术相比）。因此，不建议在日常会话（比如文件传输和聊天）中使用 RSA 这类非对称密码技术，而应该使用 DES、IDEA 这些速度较快的对称密码技术。

### 谁是 **RSA** 算法的第一个发明者？

RSA 算法是由麻省理工学院的罗纳德·李维斯特（Ron Rivest）、阿迪·萨莫尔（Adi Shamir）和伦纳德·阿德尔曼（Leonard Adleman）于 1978 年提出的，也称作 MIT 体制。因此，RSA 这个名字就是这三人姓氏的首字母组成的。也正是这 3 位密码学家，在其论文中首次使用了信息安全领域最著名的两个虚拟人物——Alice 和 Bob。

其实，早在 1975 年，就有人提出了与 RSA 几乎一样的算法。他们是英国政府通信总部的 3 位员工——詹姆斯·艾利斯（James Ellis）、克里佛·考克斯（Clifford Cocks）和马尔科姆·威廉姆森（Malcolm Williamson），简称 JCM 三人组。为什么这 3 个人不尽快公布自己的成果，反而让 RSA 三人组拔得头筹？这是由于他们特殊的工作性质。

还记得图灵破解 Enigma 时所在的那个庞大的情报部门"布莱切利庄园"么？里面的大部分员工都在战后回归了原先的生活，只有少数转去英国通信总部做了公务员，其中就有 JCM 三人组这 3 位密码学家。他们此后的研究工作也全都带有军方背景，属于国家机密。尽管他们更早提出了整套非对称加密算法，但直到 20 多年后的 1997 年，人们才了解这件事情。这时不要说和 RSA 三人组争夺专利发明权了，连 RSA 的专利都快过期了。

与图灵一样，JCM 三人组也没有在其有生之年获得应有的嘉奖。他们都是因为军方的保密需要而不得不做出个人牺牲。从事信息安全技术研究的人有相当高的比例是为政府情报部门工作的，这就决定了他们往往在历史中是"隐身"的。对于普通人来说，能了解到的信息安全前沿技术只是各国情报部门允许人们了解的部分。这算是信息安全这个学科独有的"文化特征"吧。

## 4.3 管理密钥的学问

通过前面的学习，应该能够认识到这一点：发展到现代密码阶段，数据安全应当只取决于密钥的安全，而不取决于对算法的保密。也就是说，对于任何密码体制，其算法是可以公开的，可以供所有人使用和研究。但在加密通信的过程中，每次使用的密钥是只有通信双方才掌握的。

真正实用的密码体制，其算法一定能够抵御计算机的穷举破译。商用的加密技术一般都可以做到让破译者动用的资源价值非常巨大，甚至远远超出其能力范围。所以对攻击者来说，通过密码分析破解对方的加密算法，显然不是一个合理的选择。那么，攻击者就只剩下窃取密钥这条路可供选择了。

### 4.3.1　系统地考虑问题

在1.2节中提到过,聪明的入侵者总是在不断地试探,寻找系统最薄弱的环节,并把这个思想归纳为信息安全中的一个基本原则——最易渗透原则。这条原则时刻提醒人们,在信息安全领域,对每一个环节都不要掉以轻心,尤其是涉及人的因素。历史表明,从密钥管理的途径窃取秘密要比破解算法所花的代价要小得多。

假如攻击者能从设计粗糙的密钥管理程序中很容易地获取密钥,他何必为破解算法而绞尽脑汁呢?如果能贿赂一个密钥管理人员,何必耗资几千万元开发一套破解系统呢?此外,还可以雇人去偷密钥,甚至可以绑架知道密钥的人。总之,在人身上找到漏洞比在密码体制中找到漏洞更加容易。

**不同的领域,相同的思想**

不同学科里的定律看似无关,但从根本上分析却是"异曲同工",甚至是一种哲学思想的不同表述。比如信息安全中的最易渗透原则,对应到管理学领域就是短板效应(buckets effect),也叫木桶定律(cannikin law)——一个由多块木板构成的水桶,决定容量的关键不是其最长的木板,而是其最短的木板(图4.7)。这个定律指出了任何组织都可能面临的一个共性问题,即构成组织的各个部分往往是水平高低不等的,而水平低部分往往决定整个组织的水平。

在文学领域和日常生活中,我们也经常用阿喀琉斯之踵形容一个人或一个组织的致命弱点。阿喀琉斯是《荷马史诗》中的一个英雄,他刚出生时就被母亲倒提着浸入冥河,故而全身刀枪不入。遗憾的是,因冥河水流湍急,母亲捏着他的脚踵不敢松手,所以没有被浸到的脚踵成了阿喀琉斯最脆弱的地方。长大后的阿喀琉斯作战英勇无比,但在特洛伊之战中被一箭射中脚踵而身亡。后人常以阿喀琉斯之踵喻示这样一个道理:即使再强大的英雄,也有致命的死穴或软肋。

图4.7　木桶定律的应用

如图4.8所示,我们再回顾一下整个信息加密传输的过程: Alice 在公用信道①上向 Bob

---

① 信道是信号在通信系统中传输的通道,是信号从发射端传输到接收端所经过的传输介质。广义的信道不仅包括传输介质,还包括信号传输的相关设备。

发送信息。如果直接将明文发送过去,入侵者 Eve 就能很容易地截获;于是,Alice 先通过加密算法把明文转化为密文,再发送出去;这时,Eve 就算截获密文,也无法读懂其中的含义;而 Bob 接收到密文后,通过解密算法把密文恢复为明文,进而读出了 Alice 的消息。

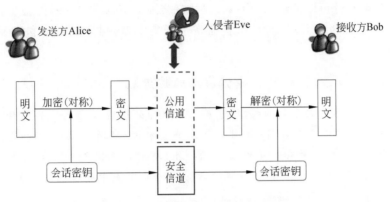

**图 4.8　对称加密通信的基本流程**

为什么 Eve 无法读懂密文,Bob 却可以? 两者的区别就在于 Bob 知道密钥,所以能够解密密文。那么 Bob 是如何得知密钥的? 显然是 Alice 告诉他的。因为日常会话中使用的都是对称加密技术,所以 Alice 加密明文使用的密钥和 Bob 解密密文使用的密钥是同一个密钥(或者可以相互导出)。再考虑一下 Alice 是如何将密钥告知 Bob 的,Alice 能直接通过公用信道将密钥发送过去吗? 答案是否定的。因为公用信道上的信息传递很容易被 Eve 截获,一旦 Eve 截获了密钥,他就能和 Bob 一样解密密文了,那么这次会话的加密操作就毫无意义了。正如前面所强调的:"算法可以公开,但密钥一定得保密!"

因此,Alice 需要事先将此次会话使用的密钥通过另外的安全信道传递给 Bob,比如通过当面递交或者通过另外的专用网络传递。考虑到每次通信都要先通过安全信道发送本次的会话密钥,这样代价太高,也很不方便,于是干脆将会话密钥也进行加密,就可以通过公用信道传输了。显然,加密会话密钥也需要相应的算法和密钥。

于是,在信息传输过程中用到的密钥分为两类:会话密钥和密钥加密密钥。其中,会话密钥是用来直接加密和解密待传递的信息明文的密钥,也称为初级密钥。密钥加密密钥,顾名思义,是用来保护会话密钥(初级密钥)的。在实际应用中,对密钥加密密钥还可以进一步分级,分为二级密钥和主密钥。主密钥是最高级的密钥,它保护二级密钥和初级密钥。

当密钥的使用期限已到或怀疑密钥已经泄露的时候,必须对密钥进行更新。主密钥的生命周期最长,更新时必须重新安装,而且要求受其保护的二级密钥和初级密钥都要连带着更新,因此非常麻烦;当二级密钥需要重新产生的时候,也需要受其保护的初级密钥连带着更新;初级密钥在每次会话时都要更新,最为频繁,但也比较容易。

密钥的安全存储是密钥管理中的一个非常重要的环节,也是比较困难的环节。密钥的存储形式有明文形式、密文形式和分量形式。

由于主密钥是最高级别的密钥,所以只能用明文形式存储,否则就不能工作。这就要求存储器在物理和逻辑上都是高度安全的,通常是专用密码装置。

二级密钥和初级密钥都可以采用密文形式存储,这样对存储器的要求低一些,也便于管理。

分量形式是指密钥以分量的形式存储,也称为门限法。将密钥 $K$ 分成 $n$ 个小片,由任意 $t(t>1)$ 个小片可以得到 $K$,但少于 $t$ 片就会因为信息短缺而不能确定 $K$。这实质上是一种分割秘密的技术,目的是阻止秘密过于集中,达到分散风险和容侵(intrusion tolerance)的目的。

## 秘密分享与风险分散

对于密钥存储的分量形式,很容易让人联想到小说或影视作品中常见的情节:将一张藏宝图分成 $n$ 片,分别交由 $n$ 个可靠的人保管。如果想知道藏宝地点,就要凑齐至少 $k$ 片含有关键信息的地图(有的甚至需要将 $n$ 片全部凑齐)。这就避免了风险集中——即使一两个人不慎泄露了手中的地图碎片,也无法根据这些局部信息获取宝藏。

在经济学领域,这种风险分散的思想被形象地描述为"不要把所有的鸡蛋放到同一个篮子里"。无数的实例也告诫人们:进行经济活动时不要孤注一掷,不要把所有的资本都投入到一件事情上,应该做多手准备,进行合理的资产配置。同理,一个人每个月的收入也不能全部消耗在日常开销上,应该拿出一部分用于学习充电,再留出一部分存储起来,还要挤出一部分购买保险和进行投资,这样才能对抗未来不确定的风险。

### 4.3.2 混合的加密方案

密钥的分配指产生密钥并将密钥传送给使用者的过程。主密钥的安全性要求最高,而且是以明文形式存储在专用密码装置里的,所以都采用人工分配的方式,即由专职密钥分配人员分配并由专职安装人员妥善安装。在主密钥分配并安装后,二级密钥的分配就容易解决了,可以利用主密钥对二级密钥进行加密保护,然后通过公用信道自动传输分配。同理,二级密钥分配完毕之后,就能对初级密钥进行加密传输分配了。

以上这种密钥分配的思路是完全基于对称密码技术的,其中比较显著的问题就是:事先必须通过其他的安全信道分配主密钥(密钥加密密钥),然后才能通过公用信道传递加密过的初级密钥(会话密钥)。如图 4.8 所示,哪怕一次简单的信息传递,也需要构建两种不同的信道,这是一种资源的浪费。

如果想只通过一种信道——公用信道实现安全的密钥分配,那么对称密码技术就无能为力了,就得转而求助于非对称密码技术了。再回顾一下非对称密码技术的特性:密钥是成对出现的,私钥只有持有者自己知道,公钥可以对所有人公开;使用这对密钥中的一个进行加密,就得用对应的另一个才能解密。

如图 4.9 所示,Alice 可以在正式传递消息之前,先将此次会话的密钥(初级密钥)用 Bob 的公钥进行加密,然后通过公用信道传递给 Bob。在这一过程中,即使 Eve 入侵公用信道,也无法解密获取会话密钥。因为用 Bob 的公钥对会话密钥进行了加密,所以只能用 Bob 的私钥解密。但 Bob 的私钥只有 Bob 自己知道的,别人无从得知。

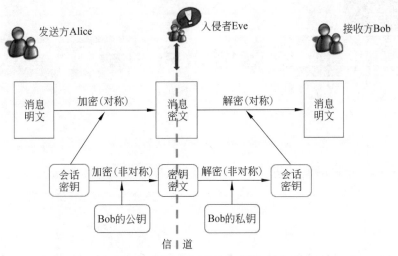

**图 4.9　混合加密通信的基本流程**

可以看出,这个混合的加密方案利用非对称的固有特性保证了会话密钥的安全传输。无论是密钥分配还是消息传递,都在使用同一个信息传输渠道(比如公共网络),降低了管理难度,节省了相关资源。

通过前面的学习,我们了解到每个密钥都有其生命周期,从产生、存储、分配,到组织、使用、更换,直至销毁。密钥管理就是对密钥整个生命周期的各个阶段进行管理。

在计算机网络环境中,由于用户和结点特别多,因此需要使用大量的密钥,这就进一步增加了密钥管理的复杂程度。在上面介绍的密钥管理方法中,不但对密钥进行了分级,还采用了不同的形式存储密钥,甚至通过混合加密方案进行密钥的分配。这不仅需要解决一系列技术问题,还涉及许多管理问题和人员素质问题。

# 第5章
# 资源的访问控制

人是生而自由的,但却无往不在枷锁之中。

——让-雅克·卢梭(法国著名思想家)

大家留意一下有关安全事件的热点新闻,经常能看到类似"儿童误食处方药品""家畜闯入高速公路""行人走上机动车道"这样的内容。可见,对于生命和财产方面的安全防范,最主要策略就是要做好"访问控制",通过立法、宣传和技术手段确保人们不要到达不该进入的场所,也不要接触到不该触碰的东西。

在信息安全领域,访问控制是保护信息系统资源的最重要的安全机制,是实现数据机密性、完整性、不可抵赖性以及可用性的关键和基础。人们也经常在一些场所看到过各式各样的相关提示,比如"内部文件,仅限单位职工阅读""关键设备,未经批准不得使用""机要重地,禁止无关人员靠近"等等(图5.1)。

图5.1　生活中关于访问控制的提示

从狭义上讲,访问控制是为了限制访问主体(或称为发起者,是一个主动的实体,如用户、进程、服务等)对访问客体(需要保护的资源)的访问权限,从而使计算机系统在合法范围内使用。访问控制机制决定用户及代表一定用户利益的程序能做什么以及做到什么程度。

访问控制由两个重要过程组成:一是通过认证来检验主体的合法身份;二是通过授权来限制用户对资源的访问级别。访问包括读取数据、更改数据、运行程序、发起连接等。

# 5.1　身　份　认　证

俄国作家果戈理的《钦差大臣》是一部极具讽刺性和批判性的喜剧,讲述了一个纨绔子弟在与人打赌输得倾家荡产之后冒充钦差大臣的故事。在风闻"钦差大臣微服私巡"的消息后,腐败的地方官吏们慌乱不堪,想方设法贿赂这个所谓的"钦差大臣"。市长甚至打算把女儿嫁给他,以图攀上关系、步步高升……可见,认证一个人的身份是多么的重要。

和人类一样,计算机也是通过身份认证来保证资源的合法访问,进而消除安全隐患。比如,你去自助取款,ATM 需要先核实你的身份,才能授权你继续操作;你出入高档公寓,门禁会放行住户,把其他闲杂人等挡在外面;你去单位上班,打卡机也要验证是你本人还是其他人冒名顶替。由此可以看出,一个人,能够被计算机所辨识,需要基于以下三点:①你知道什么;②你具有什么;③你是谁。下面就分别介绍这三点。

## 5.1.1　用户所知道的

军队晚上都要派人站岗放哨,一旦发现远处有人靠近,就要通过口令分清敌我。在战争题材的影视剧中经常出现类似的场景——我方:"口令!"对方:"长江!"对方:"回令!"我方:"黄河!"这样就核实了双方都是自己人。如对方答不上或答错,那就很可能是敌人,枪栓一拉,子弹上膛:"站住! 不许动! 举起手来!"可见,口令就是秘密约定好的消息,知道这个消息的人就通过了身份认证。

在互联网和电子设备上遇到的"密码"或者 Password,从严格意义上讲都应该称为"口令"。利用的就是"用户所知道的信息"判断用户的身份。这个信息只有验证的人自己知道,并且其他人都无法猜得出来。也就是说,越是难猜,就越是理想的安全口令。

常见的不安全口令有如下几种:

(1) 使用用户名(账号)作为口令。很明显,这种方法在便于记忆上有着相当大的优势,可是在安全上几乎是不堪一击——几乎所有的黑客都会首先尝试将用户名作为口令试一试。比如,很多人登录计算机的用户名和口令就都是 admin。

(2) 使用用户名(账号)的变换形式作为口令。使用这种方法的用户自以为聪明,将用户名颠倒或者加上前后缀作为口令,既容易记住,又可以防止被别人直接猜到。不过,有一些专门的黑客软件,比如 John the Ripper,如果用户名是 fool,那么它在尝试使用 fool 作为口令之后,还会试着使用诸如 fool123、123fool、loof、loof123 等口令。只要你能想到的变换方法,它也会想到,几乎不需要多少时间。

(3) 使用自己或亲友的生日作为口令。这种口令有着很大的欺骗性,因为位数是 8,理论上有上亿的可能性。其实口令中表示月份的两位数字只有 01～12 可以使用,表示日期的两位数字也只有 01～31 可以使用,表示年份的 4 位数字只能是 19×× 或 20××。实际的 8 位口令只有 $12×31×100×2=74\ 400$ 种可能。即使考虑到年、月、日 3 部分有 6 种排列顺序,一共也只有 $74\ 400×6=446\ 400$ 种可能。软件每秒尝试上万个口令不在话下,所以试出正确口令不过是分分钟的事儿。

(4) 使用学号、员工号、身份证号等作为口令。对于完全不了解用户情况的人来说,很难猜出这种口令;但是如果是熟人或者掌握了用户的一些信息的人,猜出口令就不那么难了。就拿身份证号来说,虽然有 18 位,但很有规律,取值范围极其有限:前 6 位是最早落户地的行政区划代码;接着 8 位就是出生日期;再后面 3 位一般男性是奇数,女性是偶数;最后一位是 0~9 或 X。

(5) 使用常用的英文单词作为口令。这种方法比前几种都要安全一些。但是黑客软件一般都会配备一个很大的词库,一般有 10~20 万个常用英文单词、词组和短语。而用户选择的单词很可能在这个词库里面。就算软件每秒只尝试千把个单词,几分钟也能把词库搜完。

网上评出了“十大最烂口令”,如图 5.2 左图所示,大家可以看看自己是不是也犯过同样的错误。而图 5.2 右图则展示了 CSDN[①] 的用户设置的复杂口令。当然,他们在拼音或英文中混杂使用了一些程序设计语言的符号,其绝妙之处恐怕只有专业人士才能体会得到。

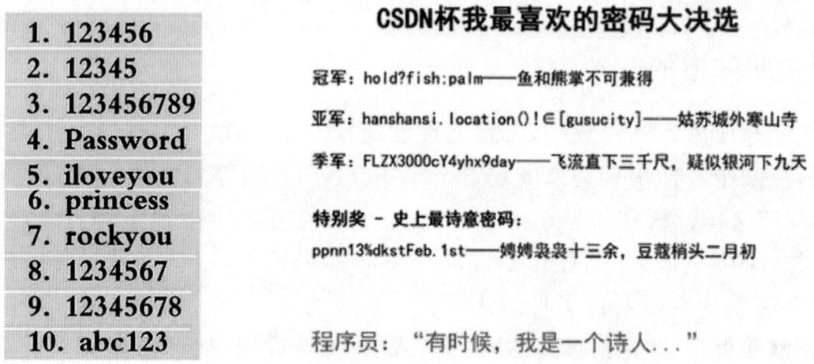

**CSDN杯我最喜欢的密码大决选**

冠军: hold?fish:palm——鱼和熊掌不可兼得

亚军: hanshansi.location()!∈[gusucity]——姑苏城外寒山寺

季军: FLZX3000cY4yhx9day——飞流直下三千尺,疑似银河下九天

特别奖 — 史上最诗意密码:

ppnn13%dkstFeb.1st——娉娉袅袅十三余,豆蔻梢头二月初

程序员:“有时候,我是一个诗人...”

1. 123456
2. 12345
3. 123456789
4. Password
5. iloveyou
6. princess
7. rockyou
8. 1234567
9. 12345678
10. abc123

图 5.2　简单口令(左)和复杂口令(右)示例

那么,究竟怎样的口令才是安全的呢? 一般认为,安全口令应该具有以下 4 个特征:

(1) 8 位长度或更长。如果只使用口令一种认证手段,建议在 12 位以上。

(2) 必须包括大小写字母和数字字符,如果有控制字符[②]更好。

(3) 不要太常见。不要使用常见的单词,更不要沿用系统指定的口令。

(4) 设置一定的使用期限。就像军队的口令一样,经常更换才能保障安全。

当然,口令设置得再好,也得小心维护才行。只有执行严格的管理措施,才能让安全更有保障。下面是一些常见的注意事项:

(1) 不要将口令告诉其他人,不要几个人共享一个口令,也不要把口令记在本子上或计算机周围。

(2) 最好不要用电子邮件等网络工具传送口令。如果一定需要这样做,要对电子邮件进行加密处理。

---

① 　CSDN(Chinese Software Developer Network)创立于 1999 年,是中国最大的专业 IT 社区和服务平台。2011 年 12 月,由于黑客攻击,CSDN 网站数据库中超过 600 万用户的登录名和口令遭到泄露。这也促使众多网站开始对用户信息进行加密存储。

② 　控制字符(control character)是出现于特定的信息文本中,表示某一控制功能的字符,比如 LF(换行)、CR(回车)、FF(换页)、DEL(删除)、BS(退格)、BEL(振铃)等。

（3）如果账户长期不用，应将其暂停。如果员工离开公司，应及时把他的账户消除。不要保留一些不用的账户，这是很危险的。

（4）限制登录次数，这样可以防止有人不断地尝试使用不同的口令和登录名。

（5）限制用户的登录时间。比如，只有在工作时间，用户才能登录到计算机上。

## 撞 库 攻 击

提及撞库，就不能不说拖库和洗库。在黑客术语里，拖库是指黑客入侵安全防御薄弱的网络站点，把注册用户的资料数据库（包含用户名、口令等信息）全部盗走的行为，因为谐音，也经常被称作"脱裤"。如果网站没有对用户资料进行加密，那么在取得大量的用户数据之后，黑客会通过一系列技术手段和黑色产业链将有价值的用户数据变现，这通常也被称作洗库。最后，黑客利用得到的数据（用户名和口令）在其他网站上尝试登录，称作撞库。因为很多用户喜欢使用统一的用户名和口令，所以"撞库"也可以使黑客收获颇丰。

2014 年 12 月 25 日，12306 网站用户信息在互联网上疯传。对此，12306 网站称，网上泄露的用户信息系经其他网站或渠道流出。据悉，此次泄露的用户数据不少于 131 653 条。该批数据基本确认为黑客通过撞库攻击获得。可见，用户在不同网站登录时使用相同的用户名和口令，就相当于给自己的所有保险箱配了一把"万能钥匙"，一旦丢失，后果可想而知。所以说，防止撞库，是一场需要用户和网站共同参与的持久战。

### 5.1.2 用户所拥有的

根据"用户所知道的"认证用户的身份，存在诸多显而易见的问题。就拿口令来说，最大的悖论就是：安全的口令太复杂，不容易记住；容易记住的口令一般都很简单，极不安全。而且用户面对多个应用场景，需要很多口令。口令如果都不一样，很快就忘记了；口令如果都一样，一旦有一个口令被泄露了，获取口令的人很可能拿着这个口令去其他场合一一尝试（撞库攻击）。

相对而言，根据"用户所拥有的"认证用户的身份，就有着得天独厚的优势了。当你出入校园、政府机关或者公司的时候，门卫会拦住你，让你出示证件（学生证、身份证、通行证）。这个证件就是你所拥有的，可以证实你的身份的东西。只要你随身携带，在相应的场所就可以畅通无阻。而无须像记住口令一样，必须经常"温习"，一着急，还是很容易记混了或者忘了。

早期的证件大都是类似证明信那样的盖有公章的纸质文件。图 5.3 左图就是一张中国古代读书人的证件——浮票。参加科举考试的时候，在报考材料的封面上会贴有一张浮票，写着考生姓名、座次、体貌特征。考生交卷的时候，监考官会认真对比考生体貌和浮票上描述的细节是否统一。当然，仅凭文字说明不足以确认身份，所以还需要其他保障措施，比如结保证明[①]。后来，随着科学技术的发展，有了照相技术，这样就可以通过照片结

---

① 一般来说，结保有两种形式：一种形式是考生互相担保，5 个同时参加考试的考生互相担保，也称为"五童结"；另一种形式是由官学的廪膳生充当证明人，并在结保证明，即"结状"上签字，称之为"认保"或者"派保"。这样，考生在报考和考试中有任何舞弊行为，结保者以及认保或者派保的廪膳生要受到牵连，轻则受到降等的处分，重则会有牢狱之灾。

合相应的文字描述一起认证身份了。如图 5.3 右图所示,民国时期的学生证已经和现在比较接近了。

图 5.3　早期的证件示例

纸质证件不容易保存,带在身上时间一长,难免字迹模糊,影响辨认。而且纸质证件只能依靠人工识别,不利于信息系统的自动处理。于是,就出现了带有磁卡的证件,比如大楼的通行卡片,只要在扫描器上划卡通过验证,就可以打开大门进入大楼。磁卡如图 5.4 左图所示。磁卡携带方便,可以长期保存,而且背面的磁条(黑色)中可以存储更多的信息。但是,磁卡最大的缺点是只有数据存储能力,没有数据处理能力,也就没有对记录的数据进行安全保护的机制。因此,对于专业人员来说,伪造和复制磁卡是比较容易的。

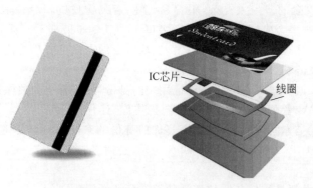

图 5.4　磁卡(左)与 IC 卡(右)

随着计算机技术的发展,尤其是微处理器的不断推陈出新,又出现了 IC 卡[①]。如图 5.4 右图所示,所有的 IC 卡中都包含一块微电子芯片,存储了持卡人的个人信息。当需要某种服务的时候,持卡人在读卡设备上进行认证。IC 卡可以说是最小的个人计算

---

① IC 卡(Integrated Circuit card,集成电路卡),也称智能卡(smart card)、智慧卡(intelligent card)、微电路卡(microcircuit card)或微芯片卡(microchip card)等。

机,在它的芯片上包含 CPU、存储器和 I/O 接口,而且有操作系统的软件支持。与磁卡相比,IC 卡不仅使用寿命长、存储容量大,而且安全保密性能高(具有数据处理能力),所以 IC 卡得到了越来越广泛的应用,比如第二代身份证、银行的电子钱包、手机 SIM 卡、公交卡、地铁卡以及用于收取停车费的停车卡等,都在人们日常生活中扮演了重要的角色。

　　无论是纸质证件还是磁卡、IC 卡,都属于根据"用户所拥有的"认证用户的身份的方法。这种方式避免了像口令那样不方便记忆和管理的问题,但是其必需的物理材料导致成本也比较高,且整个流程相对复杂。其最大的缺陷就是,相关证件或卡片一旦丢失,用户就无法证实自己的身份,而捡到证件或卡片的人就可以假冒真正的用户。

## 双因素认证

　　任何身份认证方法,如果需要 3 种"东西"(你知道什么? 你具有什么? 你是谁?)中的两种,就被称为双因素认证。比如,你在 ATM 上取款。一方面需要插入银行卡,这是通过"你具有什么"证实你的用户身份;另一方面还需要输入口令,这是通过"你知道什么"进一步核实你的身份。如此一来,就通过双因素认证避免了因为银行卡丢失而造成损失。

　　USB Key,即网上银行的 U 盾,也是双因素认证的一个例子。USB Key 是一种 USB 接口的硬件设备,它内置的智能卡芯片上存储了用户的密钥或数字证书,并通过加密算法实现了对用户身份的认证。每个 USB Key 都有一个硬件 PIN(Personal Identification Number,个人识别号)码(可以理解为口令)保护,所以用户只有同时拥有 PIN 码和 USB Key 才能登录系统。即使用户的 PIN 码泄露,只要 USB Key 不被盗取,合法用户的身份就不会被仿冒;同样,如果用户的 USB Key 遗失,拾到者由于不知道用户的 PIN 码,也无法假冒真正的用户。

### 5.1.3　用户生物特征

　　在 5.1.2 节中提到,科举考试的浮票就是古代读书人的身份证(上面写着考生姓名、座次、体貌特征)。交卷时,监考官会认真对比考生体貌和浮票上描述的细节是否统一。这其实就是在通过"你是谁",即生物特征认证考生的身份。当然,文字描述的生物特征是非常笼统的,只要体貌特征差别不大,就很容易蒙混过关[①]。直到有了照相技术,才让这种方式更加有效,这也算是学生证、工作证和身份证的演变历程。

　　随着信息技术的发展,使用计算机进行人脸特征提取和自动识别(图 5.5)已经提上了日程。从技术角度看,它主要涉及两个核心工作:一是在输入的图像中定位人脸(人脸检测);二是提取人脸特征(比如各个局部特征之间的几何关系)并进行匹配识别。在目前的人脸识别系统中,图像的背景通常是可以控制的(比如背景可以是比较容易区分的纯色),因此人脸的定位比较容易解决。但是,实际应用中的背景很可能比较复杂且不可控。另外,由于表情、位置、方向以及光照的变化都会让人脸的视觉效果产生很大的差异,这就让

---

　　① 在古代,也有通过画师画影图形的方法描摹人的形象,一般将其贴在出入关卡,用于通缉要犯。但是,一方面,画得像不像取决于画师的功底;另一方面,通过寥寥几笔很难完整地反映其外貌特征。

人脸的特征提取十分困难。虽然存在着巨大的挑战，但由于通过人脸识别进行身份认证是最为友好（可以做到让用户几乎没有觉察）和最为直接的方式，所以一直是模式识别研究和应用的热点，受到国内外相关人员的关注和追捧。

图5.5　人脸特征提取和自动识别

应用最为广泛且最为成熟的还是指纹识别技术。在古代，人们很早就发现每个人的指纹纹路都是独一无二的，虽然手指随着身体的长大而长大，但指纹的几何形状是不会变化的。所以指纹就作为一种身份的凭证登上了历史舞台，比如在契约上按手印。计算机识别指纹就是通过其纹路的几何形状特征[①]进行匹配（比较20个微小特征就可以正确识别一个指纹），而每个手指上通常都有50～200个微小特征。

读取用户指纹的时候，需要手指和指纹采集头相互接触，以获取稳定可靠的图像。由于指纹采集头体积小、价格低廉，而指纹识别的速度快、比较方便，这就让这种身份认证方式迅速推广开来。如图5.6所示，掌纹识别是指纹识别的升级版，获取的特征比指纹更加丰富。但是它们有着共同的缺点：一方面是有些场景下不方便，比如医生护士经常需要洗手消毒，矿工、泥水匠这类技术工人的手上常年积攒污垢；另一方面是指纹采集的时候，在采集头上留下印痕也使得复制指纹成为可能。

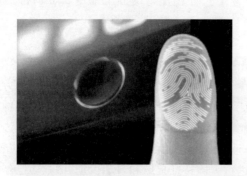
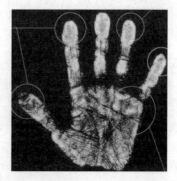

图5.6　指纹识别（左）与掌纹识别（右）示例

相对于指纹识别在日常生活中的普及，虹膜[②]和视网膜扫描更多出现在影视作品中，被认为是针对身份认证应用的终极生物特征识别技术。如图5.7所示，人的眼睛由角膜、

---

　　① 目前许多国家的警察机构使用的系统是根据英国的刑侦专家爱德华·理查德·亨利于1897年提出的思想设计的。他将指纹划分为弓形、圈形和涡形三大类型，每一类型又分为许多子类型。
　　② 虹膜是位于黑色瞳孔和白色巩膜之间的圆环状部分，其包含很多相互交错的斑点、细丝、冠状、条纹、隐窝等细节特征。而且虹膜在胎儿发育阶段形成后，终生将保持不变。

虹膜、瞳孔、晶状体、视网膜等部分组成。其中,虹膜和视网膜的结构特征因人而异,即使是同卵双胞胎或者同一个人的左右眼,都不会相同。而且不可能在对视觉无严重影响的情况下用外科手术改变其特征,更不可能将一个人的特征改变得和某个特定对象一样。

虹膜可以直接看到,用通用摄像设备就可以获取图像。但是,很多情况下图像纹理不清晰,会造成识别困难(黑眼睛人群成像效果不好),而特殊的虹膜扫描装置有价格和操作等方面的高门槛。视网膜位于眼底,取像难度较大,很难降低其成本。虽然其检测结果更加稳定可靠,但可能会给被识别者带来视觉功能方面的损害。

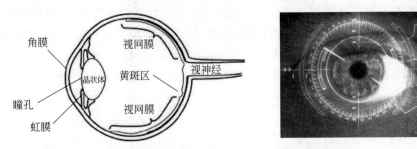

图 5.7 人的眼睛的结构(左)与虹膜识别技术(右)

总之,能够认证身份的理想的生物特征应该具备以下特点:

- 广泛性。每个人都应该具有这种特征。实际上,没有哪个生物特征能够应用于所有的人。例如,存在很小比例的人不具有可读取的指纹。
- 唯一性。每个人的具体特征各不相同,有相当大的实际可区分度。虽然在理论上有些生物特征的检测可以做到较高的区分度,错误率非常低,但是不可能期望100%的确定性。
- 稳定性。理想情况下,这些可测量的生物特征应该是永久不变的。在实践中,如果选择的生物特征能够在相当长的时间内保持稳定就足够了。
- 可采集性。选择的生物特征应该容易获取,并且不会给认证对象带来任何潜在的伤害。实际上,可采集性往往严重依赖于认证对象是否愿意合作。

## 行 为 特 征

用户的生物特征不仅包括上述生理特征(人脸、指纹、虹膜等),还包括一些行为特征。这两类生物特征的不同是:生理特征与生俱来,多为先天性的;而行为特征是习惯使然,多为后天性的,比如笔迹、声音、步态等。我们都有这样的生活经验:有时候,只闻其声不见其人,但依然能够从嘈杂的人群中分辨出熟人;有时候,我们看到远方的一个身影,就能根据其走路姿势认出那个人。这两种身份认证的方式虽然错误率目前还比较高,但设备成本低廉(录音笔、摄像机),获取方便,而且基本不涉及隐私问题。

对于每个书写者而言,其笔迹总体上具有相对稳定性,而字里行间的局部变化则是每个人的固有特性。所以,对于不同的书写者而言,其笔迹的差别比较大。笔迹识别在社会生活中具有广泛的应用,比如,协议的签署,银行、金融部门的签名对照,公安、司法部门的刑事调查和法庭取证,等等。计算机笔迹识别(包括签字识别)技术有联机和脱机两种。因为联机识别除位置信息外,还可以提取书写速度、时序、运笔压力、握笔倾斜度等动态信息,所以识别正确率比脱机识别高。当然,联机识别需要特殊的输入设备,比如手写板。

## 5.2 访问授权

一般来说,用以防范伪造的身份认证只有两个结果:符合和不符合。不符合的,认为是非法用户,拒绝其使用资源(比如软件、硬件、文件、网络等);符合的,认为是合法用户,同意其使用资源。

然而,同样是通过认证的合法用户,在使用资源的时候也是区别对待的。就拿教务系统来说,教师、学生、教学秘书和系统管理员都是合法用户,权限却各不相同:教师可以录入考试成绩,学生只能查看不能改动;教学秘书可以安排课程和考试,教师只能浏览相关信息;系统管理员可以在后台修改页面布局或添加各种功能模块,教学秘书、教师和学生却不能进行此类操作。

可以这么认为:身份认证是信息安全系统中的第一道防线,是用户获取系统访问权限的第一步。在信息安全系统完成对用户的身份识别之后,便根据用户身份决定其对信息资源的访问权限。

如图 5.8 所示,访问控制包含 3 个基本要素:主体、客体和控制策略。

(1) 主体是指主动的实体,是访问的发起者,它造成了信息的流动和系统状态的改变。主体通常可以是人、进程[①]和设备等。

(2) 客体是指被访问的对象,包括所有受访问控制保护的资源。客体可以是文档、程序、系统、设备以及各种网络服务。

(3) 控制策略也称访问策略,是指主体对客体进行访问的一套规则,用以确定一个主体是否拥有对客体进行访问的权限。

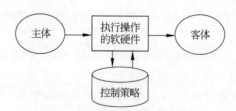

图 5.8  访问控制系统的基本框架

访问控制机制可以通过访问控制矩阵描述。如表 5.1 所示,访问控制矩阵的行对应于主体,列对应于客体;第 $i$ 行第 $j$ 列的元素是访问权限的集合,列出了允许第 $i$ 个主体

---

① 顾名思义,进程(process)就是进展中的程序,或者说进程是执行中的程序。也就是说,一个程序加载到内存中以后就变为进程。即:进程=程序+执行。

对第 $j$ 个客体可以进行的各种操作。从表 5.1 可以看出,主体 A 对客体 1 有"拥有①、读、写"3 种访问权限,主体 B 对客体 1 只有读的权限,主体 C 对客体 3 没有任何访问权限。

表 5.1　访问控制矩阵示例

| 主　　体 | 客　　体 | | |
| --- | --- | --- | --- |
| | 客体 1 | 客体 2 | 客体 3 |
| 主体 A | 拥有、读、写 | | 拥有、读、写 |
| 主体 B | 读 | 拥有、读、写 | 写 |
| 主体 C | 读、写 | 读 | |

**1. 基于身份的访问控制策略**

前面讲到过,访问控制由两个重要过程组成:一是通过认证来检验主体的合法身份;二是通过授权来限制用户对资源的访问级别。所以人们很容易想到的授权方式就是基于身份的访问控制策略,也就是列出每一个合法用户(比如 Alice、Bob 和 Eve 等)对每一个资源的访问权限。

基于身份的访问控制策略也称自主访问控制策略,允许合法用户以用户或用户组的身份访问规定的客体,同时阻止非授权用户访问客体,某些用户还可以自主地把自己拥有的客体的访问权限授予其他用户。

如表 5.2 所示,基于身份的访问控制策略有明显的优点:配置的粒度小,灵活易行。换句话说,就是分配权限落实到每个用户和每个资源上面,就像产品的个性化定制一样,可以让所有用户对资源的访问权限各不相同。

不过,其缺点就是配置的工作量大、效率低。因为每增加一个新用户或者增加一个新资源,都要把这个新用户对所有资源的权限重新分配一遍,或者把所有用户对这个新资源的权限重新分配一遍。如果管理的用户或资源非常多,每次改动带来的工作量非常巨大。尤其是需要同时增加多个用户或资源的时候,工作效率会变得特别低。

表 5.2　使用访问控制矩阵描述的基于身份的访问控制策略

| 主　　体 | 客　　体 | | | |
| --- | --- | --- | --- | --- |
| | 1. doc | 2.com | 3. exe | … |
| Alice | 拥有、读、写 | | 执行 | … |
| Bob | 读 | 读、写 | | … |
| Eve | 写 | | 拥有 | … |
| ⋮ | ⋮ | ⋮ | ⋮ | ⋮ |

基于身份的访问控制策略是针对每个一个用户或每个一个资源进行权限配置,代价

---

① "拥有"权限表示管理操作,将它从读、写权限中分离出来,是因为管理员也许会对控制规则本身或文件的属性等进行修改。

太大。就像一所大学打算给每位同学都"量体裁衣"地制订培养计划,如同家教一样进行一对一教学,这显然是不现实的,也是对教育资源的极大浪费。

**2. 基于规则的访问控制策略**

在实际操作中,高校一般是把上万名学生划分到几十个专业中,每个专业采用统一的培养计划。显然,这种策略效率很高,也非常节省资源。比如,每年秋天都要迎来几千名新生,学校不需要针对每个人制订不同的方案,只要将这些新生归入已有的几十个专业里,然后按照每个专业的计划按部就班地培养就行了。

可以将这种思路借鉴过来,把所有的用户和资源都进行安全等级分类。一般划分为5个安全等级,从高到低依次为绝密(top secret)、秘密(secret)、机密(confidential)、限制(restricted)和无密级(unclassified)。如表5.3所示,无论系统中有多少个用户或资源,比如,Alice,Bob,Eve,…,文件1,文件2,文件3,…,都可以分别设置为这5个安全等级之一。

表 5.3　安全等级分类示例

| 用　户 | 安 全 等 级 | 文　件 | 安 全 等 级 |
|---|---|---|---|
| Alice | 秘密 | **1** | 限制 |
| Bob | 机密 | **2** | 绝密 |
| Eve | 绝密 | **3** | 秘密 |
| ⋮ | ⋮ | ⋮ | ⋮ |

用户与其访问的资源的读写关系可以有4种:

(1) 下读(Read Down),用户安全等级不低于资源安全等级才可以进行读操作。

(2) 上写(Write Up),用户安全等级不高于资源安全等级才可以进行写操作。

(3) 下写(Write Down),用户安全等级不低于资源安全等级才可以进行写操作。

(4) 上读(Read Up),用户安全等级不高于资源安全等级才可以进行读操作。

我们在影视作品中经常见到的是"下读"和"上写"的组合方式,这保证了信息的机密性。如图5.9所示,Alice作为情报人员的是秘密,那么她可以将自己获得的高安全等级情报(比如绝密的文件)向组织汇报,也就是"上写";但只有安全等级不低于该情报的安全等级的用户(比如绝密级别的指挥官)才能读取,也就是"下读"。安全等级低于该情报的安全等级的用户(比如和Alice一样同为秘密安全等级的情报人员)显然是不可以阅读该情报的,只具有收集并提交情报的权限。

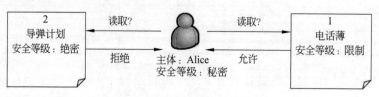

图 5.9　基于规则的访问控制策略示例

此外,还有"下写"和"上读"的组合方式,这是为了保证数据的完整性。比如,政府部门发布公告,只有安全等级高的用户(比如上级部门)才能发布相应的文件,而安全等级低的用户可以阅读该文件却不能发布。

基于规则的访问控制策略也称强制访问控制策略。每个用户和资源都被赋予一定的安全等级,用户不能改变自身或任何客体的安全等级,即不允许任何用户确定访问权限,只有系统管理员可以确定用户和用户组的访问权限。系统通过比较用户和其要访问的资源的安全等级决定用户是否可以访问该资源。

采用基于规则的访问控制策略时,无论有多少个用户、多少个资源,统统分为 5 个安全等级,然后制定几条"简单粗暴"的规则进行权限配置。它的好处是粒度大、效率高,缺点是缺乏灵活性。就好比高中阶段的分班一样,不管同学们的爱好和特长有多少种类型,只分为学文和学理两类。这确实比一对一教学省事多了,但也太简单粗暴了。

### 3. 基于角色的访问控制策略

综合看来,基于身份的访问控制策略和基于规则的访问控制策略就像两个极端:前者粒度太小,工作量太大;后者又粒度太大,不够灵活。那么,是不是可以折中一下,把两者的优点结合起来,设计一种新策略? 答案是可以,沿着这种思路人们又提出了基于角色的访问控制策略。

基于角色的访问控制策略不是将权限直接授予每个用户,而是把权限分配给一定的角色。用户通过饰演不同的角色获得角色拥有的权限。当然,这里的角色不是简单粗暴的几个高低不同的等级,而是系统中可以灵活定义的虚拟类别。如图 5.10 所示,用户(主体)与资源(客体)无直接联系,角色成为两者之间的一座桥梁。同一个用户可以有多个角色,同一个角色也可以对应多个用户。

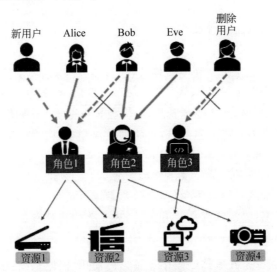

图 5.10　用户、角色和资源的关系示例

还是举教务系统的例子,在校的学生,无论 Alice 还是 Bob,通过身份认证后登录教务系统,一律扮演的是"学生"角色,所以对系统中的成绩文件只有读的权限;而任课老师,无

论张三还是李四,在系统中都扮演"教师"角色,对自己讲授的课程的成绩有写的权限;学院的教务工作人员,无论甲还是乙,在系统中都扮演"教学秘书"角色,可以进行公布教学任务、安排考试事项、分配竞赛导师、修订专业培养计划、管理学生处分等工作。

可以看出,角色的设置是非常灵活的。如果想粒度大一些,可以像 PC 开机登录一样,把一般系统的用户角色设为 Administrator、David(自定义用户名)和 Guest 3 个。如果想管理得更加精细一点,还可以把教务系统中的"教学秘书"的角色继续拆分成"课程教学秘书"(布置教学任务)、"考试教学秘书"(安排考试事项)、"竞赛教学秘书"(分配竞赛导师和裁判)、"专业教学秘书"(发布专业培养计划)、"杂务教学秘书"(其他工作)等多个角色。同理,可以把"教师"的角色拆分成"理论课教师""实验课教师""竞赛辅导教师"或者"本科生教师""研究生教师"等多个角色。

通过增加角色这一层,便于职责分担、目标分级,灵活而且管理代价较低。毕竟用户饰演的角色也可以改变,但某个角色的任务并不会改变很多。比如,Alice 攻读博士学位,在读期间的角色是"学生";毕业留校之后角色变成了"教师";后来走上了管理岗位,角色又成为"副院长"。也就是说 Alice 的角色一直在改变,但每个角色的权限还是固定的,这也是基于角色的访问控制策略最重要的优势之一。

## 人类社群中的资源分配

信息系统中的访问控制策略与人类族群或政权中的授权策略有很多相似之处。在早期的原始部落中,主要靠个人的威望掌控局面,所以更多的是基于身份进行资源分配。由于部落的规模不大,几乎所有的成员之间都有交往,相互知根知底。一旦有了为部落做出突出贡献的英雄,他们的事迹就会很快传遍各个角落。随着声誉的增长,这些英雄也有了更多的话语权和决策权,甚至首领的位置也要由他们推举甚至主动禅让给他们。

当部落规模不断扩大,形成了部落联盟甚至国家之后,成员之间就很难做到全都相互认识了。为了整个部落的稳定,就得给内部成员划定等级,才能各安其位,减少冲突。比如,划分为王族、贵族、士族、平民、奴隶等。这样一来,资源的分配也要改为基于规则——等级高的占有更多的资源,并拥有对低等级成员的支配权。随着生产力的进一步发展,严格的等级划分过于僵化,不利于调动底层成员的积极性,造成了社会矛盾的激化。于是,国家开始设置了不同的角色(官职),让成员们通过层层选拔扮演不同的角色,以获取相应的资源。比如汉代开始的察举制和隋唐之后的科举制,不但给底层成员提供了上升的通道,而且官职角色有一定的任期,权限设置也非常灵活,为古代中国的社会稳定和经济发展奠定了坚实的基础。

在现实生活中,无论是在家休闲娱乐还是出门使用各种公共设施,人们往往是先被认证,然后被授权。总之,每个人的活动都是在社会大系统的访问控制之下。这看似限制了人们的自由,其实也是保护了人们的安全。只有在安全的前提下,才能持续产生可共享的资源,人们才会拥有更多更好的选择。这也印证了卢梭的那句话:"人是生而自由的,但却无往不在枷锁之中。"

# 第6章

# 消息认证的技术

任何足够先进的技术，初看都与魔法无异。

——阿瑟·查尔斯·克拉克（英国科幻作家）

在日常生活中，人们很多时候的通信并不需要保密，比如政府机关在网站上发布公告，在网上下载应用软件，通过社交工具给朋友送去祝福的话语……但是，人们还是会担心这些信息在传递的过程中发生变化——丢失了一部分或者被替换了一段，也就是说信息被篡改了，即数据完整性遭到了破坏。此外，人们还担心发送这些消息的实体是否真的是其声称的实体——Alice 接到自称 Bob 的人发来的消息，真的是 Bob 吗？会不会是 Eve 冒充的？也就是说，消息发送人的身份是伪造的，即数据的不可抵赖性遭到了破坏。

2010 年 1 月 4 日，西班牙政府为担任欧盟轮值主席国而设立的官方网站遭黑客攻击，一张憨豆先生①瞪眼怪笑的图片插入其中，取代了当时的西班牙首相何塞·路易斯·罗德里格斯·萨帕特罗的视频。显然，这就属于典型的信息被篡改，而且是以伪造官方的身份发布的。这种改动比较容易被察觉；如果改动官网上的一些政府文件、电话号码、办公地址，恐怕就很难凭借人工发现了。

图 6.1　憨豆先生事件

---

① 英国演员罗温·艾金森扮演的喜剧人物憨豆先生获得了全世界观众的喜爱，在西班牙更是颇有人气。不少人喜欢比较萨帕特罗与憨豆先生的外形特点，拿首相"开涮"。

消息认证（message authentication）又称消息鉴别，是证实收到的消息来自可信的源点且未被篡改的过程。也就是说，消息认证既要检验数据的完整性（未被篡改、插入和删除），还要证实来源的真实性（的确是由声称的实体发过来的）。需要注意的一点是，在很多文献中提到的消息认证是狭义的，主要强调完整性，忽略了真实性。

# 6.1　检验数据的完整性

如何才能发现接收的信息已经被篡改了呢？想一想在生活中类似的情形——邮寄包裹。如果担心包裹在运送过程中被调包，丢失部分财物，或者有恐怖分子在里面加入邮包炸弹①，可以采取两种策略：一是将包裹采用特殊的手法密封并做好标记，在运输过程中想要替换包裹中的物品，就得拆开包裹，破坏密封，这样收件人能从密封和标记上看出包裹是否被拆开过；二是提前把包裹以及其中物品的特征，比如体积、重量、外形、材质等，编辑成一条信息发给收件人，收件人可以根据特征信息核对包裹中的物品，如果不一致，就说明包裹的完整性已被破坏，有潜在的威胁。

## 6.1.1　加密认证

了解了前几章关于密码学的内容后，很容易想到：对消息自身加密所得到的密文就可以作为一个认证的度量。虽然对称加密和非对称加密有所不同，但思路上大体是一致的。如图 6.2 所示，以对称加密为例，看一看如何检验消息 $M$ 的完整性。

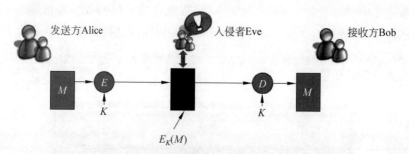

图 6.2　对称密码体制下的加密认证流程

由于消息的发送方 Alice 和接收方 Bob 双方共同拥有密钥 $K$，而入侵者 Eve 不知道密钥 $K$，所以 Eve 也就不知道如何改变密文中的信息位才能在明文中产生预期的改变。接收方 Bob 只要能顺利解密，恢复明文，就能够知道信息在传递过程中是否被人更改过。也就是说，Bob 可以根据解密后的明文是否具有合理的语法结构来判断信息是否完整。

但这个方法存在的问题是：如果发送的明文本身并没有明显的语法结构或特征，如软件安装程序这类二进制文件，那么接收者很难确定解密后的消息就是明文本身。

为了能够验证所有文件的完整性，人们发明了一种认证技术——消息认证码

---

① 邮包炸弹指在邮包内藏有炸弹，一般是不法之徒制造的，通过邮局或专人派送，用以恐吓及伤害收件人。邮包炸弹有时会由恐怖分子制造。邮包炸弹一般会被设计成在开包时爆炸，以严重伤害甚至杀害收件人。

(Message Authentication Code,MAC)。它把一个密钥和需要认证的消息一起输入一个函数,计算结果是一个固定长度的短数据块,称为 MAC,再将 MAC 附加在消息的后面,一起发送给接收方。使用 MAC 的基本流程如图 6.3 所示。

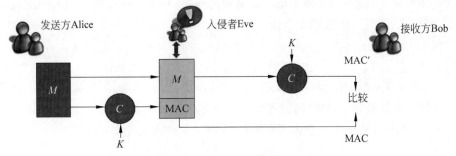

图 6.3　使用 MAC 的基本流程

发送方 Alice 通过 $C(M,K)$ 计算出 MAC,将其附在消息明文 $M$ 之后发送给 Bob。这里,$M$ 是需要认证的消息,$C$ 是 MAC 函数,$K$ 是通信双方共享的密钥。

接收方 Bob 收到 Alice 发送的消息明文 $M$ 和消息验证码 MAC 后,只需要根据消息明文 $M$、密钥 $K$ 以及 MAC 函数计算 $MAC'$,并检查其是否等于附在明文 $M$ 之后传过来的 MAC。如果两者相等,Bob 就可以确信消息 $M$ 未被篡改。因为入侵者 Eve 不知道密钥 $K$,即使修改了消息 $M$ 的内容,也无法生成与之对应的 MAC。

虽然生成 MAC 也需要密钥和相应的函数,但这种认证方式与前面介绍的加密认证已经有了很大的区别——在通信的过程中,消息 $M$ 始终处于明文状态。这样做有两方面原因:一方面是因为这里只需要验证消息的完整性,并不在意消息的机密性;另一方面是因为对整个消息进行加密计算的代价很高,特别是消息规模比较大或者采用非对称加密的时候。

这种认证函数与加密函数的分离是一种创新,为实际应用提供了功能上的灵活性。这是因为,在有些情况下,只需要提供机密性,不需要保障完整性;而在另一些情况下,只需要保障完整性,不需要提供机密性。例如,广播的信息量很大,难以进行加密;又如政府等权威部门的公告无须保密,只要保证不被篡改即可。

不过,生成 MAC 还是需要密钥,就会涉及密钥管理的问题,增加了整个系统的复杂性和安全风险。那么,有没有一种方法,不需要密钥就能生成类似 MAC 这样的短数据块呢?答案是肯定的,这种方法就是消息摘要。

## 6.1.2　消息摘要

在网上传递文件时,可以把文件的大小(多少字节)、格式(.txt 还是.exe)、生成日期等特征编辑成额外的信息发送给接收方。接收方通过这些额外的信息描述的特征验证文件的完整性。但这种方法还是过于简单,在一些情况下很容易失效。比如,文件在传送的过程中被替换成了同样大小的其他文件,而且格式、生成日期也都一模一样;或者在文件中插入了一些恶意代码,同时删除了和恶意代码同样大小的一部分文件内容,并且修改生成日期和格式,使其保持不变。

　　参照判断论文抄袭的情形,可以找到一种更为实用的方法。设想一下,要看两篇文章是否一样,没有必要从头到尾一字一字地对照。只需要从每一段中,尤其是开头、结尾和中间几段,各自找到一些关键的词句对比一下,就大体能够看出这两篇文章是不是一样了。这些关键词句合在一起,就类似一篇文章的摘要,只不过是按照固定的方法自动生成的文章摘要。只要自动生成的文章摘要相同,就可以认定这两篇文章是完全一样了。

　　可以把上面的思路推广到网络消息的传递中。如图 6.4 所示,通信双方 Alice 和 Bob 都使用同一个函数 $H()$。Alice 先用函数 $H()$ 生成消息 $M$ 的摘要 $h$,并将其与消息 $M$ 都发送给 Bob。Bob 接收之后,也用函数 $H()$ 对接收到的消息 $M$ 进行处理,生成摘要 $h'$,通过对比 $h$ 和 $h'$ 就可以判断消息 $M$ 在传输过程中是否被篡改。函数 $H()$ 就是哈希(Hash)函数,也称散列函数,计算结果 $h$ 和 $h'$ 称为消息摘要,也叫消息文摘或者数字指纹。

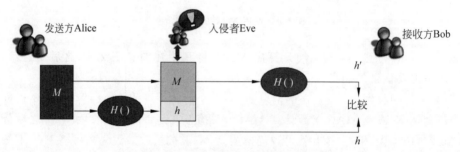

图 6.4　使用消息摘要验证完整性

　　哈希函数一般都是公开的函数,它的作用就是将任意长度的信息映射为一个固定长度的信息。最简单的例子就是取手机尾号后 4 位。比如,手机号大都是 130****1234、130****2345、137****4829、138****8354、182****2396,只需要抽取关键的一部分,即后 4 位,就能区分大多数手机号。如果两个手机号后 4 位正好相同,这种现象就叫冲突,需要另外想办法了(例如,抽取前 3 位和后 4 位一起作为摘要)。还有一种简单的哈希函数就是平方取中法,其思想就是把一个数字的平方掐头去尾。比如,1234 取平方就是 1 522 756,掐头去尾保留中间 3 位就是 227;而 2061 取平方就是 4 247 721,掐头去尾,保留中间 3 位就是 477。早在第 2 章就提到了,任意文件在计算机内部都存储为二进制串,对二进制串的处理和对普通数值的处理基本上是一样的。

　　当然,真正实用的哈希函数要复杂得多,生成的消息摘要也要长一些。比如,消息摘要算法第 5 版(Message Digest Algorithm 5,MD5)就可以把任意长度的消息变为 128 位的二进制串。而安全散列算法(Secure Hash Algorithm,SHA)输出的消息摘要长度为 160～512 位,这主要是由于版本的不同造成的[①]。总之,采用同样的算法,无论输入的消息有多长,计算出来的消息摘要的长度总是固定的。但是,只要输入的消息稍有不同,产生的消息摘要就肯定不同(完全相同的输入必会产生相同的消息摘要)。

　　使用哈希函数进行消息认证已是比较常见的应用了。如图 6.5 中的左图所示,管理员在网站上发布软件的同时也公布了软件的消息摘要,即 MD5 码。下载软件之后,可以用

---

　　① SHA 的版本除了 SHA-1 之外,还有 SHA-256、SHA-384 和 SHA-512。

MD5 生成器对软件重新生成一遍消息摘要,然后和网站公布的 MD5 码进行对比,如图 6.5 的右图所示。如果两个 MD5 码的值完全一样,则说明这个软件是完整的,没有被篡改过。

图 6.5　使用 MD5 验证软件的完整性

## 消息摘要的妙用

通过哈希函数生成消息摘要和前面讲的密码技术有一个本质的区别,就是它是单向的。也就是说,只能对原文进行正向变换生成摘要,而无法从摘要中递向恢复出原文。密码编码则不同,正向处理可以加密,即在加密密钥的控制下从明文变为密文;递向处理还可以解密,即在解密密钥的控制下从密文恢复出明文。从数学的角度,可以认为哈希函数不可逆,即没有反函数。那么,这个特性有什么巧妙的用处吗?

人们大都使用过支付宝、微信钱包、网银这类工具,进行支付操作的时候一般需要用户名和口令(就是所谓的"密码"),而这些信息都是存放在服务器上的。可以想象,如果服务器的管理员直接看到这些信息,会有多么大的隐患——他很可能在下班后使用用户的用户名和口令进行消费。实际上,支付软件会对用户设置的口令生成消息摘要,存放在服务器上(不存放口令本身)。一旦用户进行网上支付的时候,服务器会调出存放的口令的消息摘要,和用户当前输入的口令生成的消息摘要进行对比,以核实是否是用户本人的合法操作。而服务器管理员只能看到用户存放的口令的消息摘要,却无法得到口令本身(哈希函数是单向的)。

网上竞价拍卖也是如此,它有一个封闭性规则:每一个竞拍者都只有一次机会提交一个秘密的报价。只有当所有报价都提交之后,竞拍价格才会公开。依照惯例,报价最高者获胜。但这个过程中有一个安全隐患。比如,A、B、C 3 个人都想出价竞拍一个物品。A 先提交了报价 10.00 元,看到了这个报价的系统管理员(内鬼)立刻告诉了 B,B 就可以报出 10.01 元的价格。而 C 等 A 和 B 都提交报价之后,利用黑客工具进入系统看到他们的报价,之后提交 10.02 元的报价(当然在竞拍截止期限之前)。这样一来,就产生了欺骗。为了消除这个隐患,可以让每个竞拍者把自己报价的消息摘要提交上来,一旦收齐,系统就在网上公布这些报价的消息摘要,以供所有人查阅。然后,所有竞拍者再把实际报价提交上来看谁获胜。同时,系统对这些报价分别生成消息摘要,并和原先每个竞拍者提交的消息摘要核对,以防有人修改了原先的报价。

## 6.2　证实来源的真实性

6.1 节提到的消息摘要这类技术主要用于验证接收消息的完整性,不足以保证其真实性。比如,你在班级邮箱或公共网盘里发现了一个文件——"老师布置的新作业",还发布了文件的MD5 值。现在可以核实这个文件是否完整,但这个文件真的是老师发布的么? 这显然是存疑的。可能是某个同学的恶作剧,也可能是黑客编写的一个带有陷阱的文件······总之,在网上不能轻易相信对方就是其声称的那个人,如图 6.6 所示。

图 6.6　网络上发送消息引起争执

### 6.2.1　数字签名的原理

继续讨论老师在邮箱里布置作业这个例子。如果这次布置作业不是通过电子文档,而是手写在纸上或者黑板上,大家就没有这种疑虑了——因为有老师的笔迹(假设大家都认得老师的笔迹)。在生活中,人们接到一份纸质的公告,也很容易验证它的真实性——看看上边有没有单位的公章或者领导的签名。到目前为止,各个单位的员工去财务处报销,凭证上还是需要有当事人和部门负责人的签名,这也是为了保证其真实性。

那么手写签名有什么特点呢? 首先,签名是不可伪造的,每个人的签名都不一样,就算刻意模仿也能被辨认出来;其次,签名不可重用,签名是文件的一部分,不可能将签名移动到另一份文件上;最后,签名后的文件也是不可变的,一旦有涂改就视为作废,所以签名也是不可抵赖的。

当然,手写签名的这些特点只能体现在纸质文件上。如果是网络上的数字文件,能不能把手写签名扫描一下直接贴在文件上呢? 显然不可以。因为扫描的图像不仅能够随意复制、粘贴多次,还可以通过 PS① 软件进行任意修改。

可见,数字文件也非常需要类似手写签名的方法,以证实来源的真实性。这类技术称为数字签名(digital signature),它采用一定的数据交换协议,使得通信双方能够满足两个条件:接收方能够认证发送方宣称的身份,发送方也不能否认他发送过数据这一事实。这样一来,当收发双方发生争执的时候,第三方(仲裁机构)能够根据消息上的数字签名裁定这条消息是否确实由发送方发出,从而实现抗抵赖服务。

思考一下前面学过的所有内容,哪一种技术能够直接拿过来进行数字签名呢? 还记得非对称密码体制的特点吗? 它要求密钥成对出现:一个为公开的密钥,简称公钥;另一个为非公开的密钥,简称私钥。不可以从其中一个推导出另外一个。使用其中一个密钥

---

① PS 是美国 Adobe 公司旗下图像处理软件 Photoshop 的简称,引申为使用 Photoshop 或类似的软件处理图片,使其变得和原图不一样。

加密,必须用另一个密钥才能解密。

注意这句话:"使用其中一个密钥加密,必须用另一个密钥才能解密。"这岂不意味着不仅可以先用公钥加密再用私钥解密,而且可以先用私钥加密再用公钥解密?的确是这样的。为了区分一下,把前者叫作加密,把后者叫作数字签名。因为自己的私钥只有自己才知道,用自己的私钥加密发布的数字文件,就和手写签名的纸质文件一样,能代表着自己已经知情同意,具有不可抵赖性。

如图 6.7 所示,数字签名的基本方案主要分为 3 个步骤:

(1) Alice 用其私钥加密消息,从而对消息签名。

(2) Alice 将签名后的消息发送给 Bob。

(3) Bob 用 Alice 的公钥解密消息,从而验证签名。

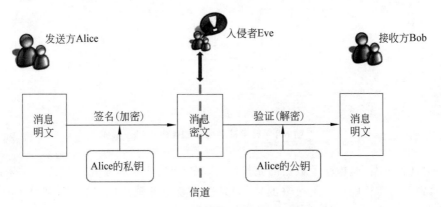

图 6.7　对消息进行数字签名的基本流程

还是回到老师在邮箱里布置作业的例子。若要同学们能够确认其真实性,老师可以使用自己的私钥对文件进行签名,同学们接收到签名的文件后用老师的公钥进行验证。如果其他人冒充老师发布文件(没有签名或者用其他人的私钥签名),那么使用老师的公钥验证是会报错的,毕竟老师的公钥只能解密老师的私钥加密过的文件。所以,数字签名也是一种非对称加密,只不过是用私钥加密而已,这和用公钥加密有着不同的用处。

既然数字签名的本质还是一种非对称加密,那就难以避免非对称加密的缺点——计算复杂度高,速度很慢,不适用于大规模的数据。因此,对作业文件直接签名效率太低,而且作业文件无须保密,这就进一步造成了时间和计算资源的浪费。

可是,如果不对作业文件进行签名,还能怎么办?如何找到与之相关的、可替代的小规模数据呢?显然,6.1.2 节介绍的消息摘要就非常合适。无论多大的文件,生成的消息摘要都是几百位的数据而已,用起非对称密码技术毫不费力。

如图 6.8 所示,在实际应用的数字签名协议中,消息摘要和数字签名算法是事先协商好的,步骤如下:

(1) Alice 通过哈希函数产生文件的消息摘要 $h$。

(2) Alice 用其私钥对消息摘要 $h$ 加密,以此表示对文件的签名。

(3) Alice 将文件和签名发送给 Bob。

（4）Bob 收到了文件和签名。

（5）Bob 用 Alice 的公钥验证数字签名，并通过解密从中得到消息摘要 $h$。

（6）Bob 通过哈希函数产生文件的消息摘要 $h'$，与从签名中解密得到的消息摘要 $h$ 进行比较，如果相同，则说明文件未被篡改。

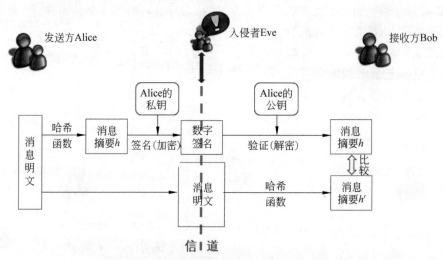

图 6.8　数字签名协议的基本原理

采用这种方案，既检验了数据的完整性（未被篡改、插入和删除），又证实了来源的真实性（的确是由声称的实体发过来的）。如果还需要保证消息的机密性，则 Alice 可以对消息明文进行对称加密，然后再传送给 Bob。

## 6.2.2　数字证书的应用

在 4.3.2 节提到过基于非对称密码技术的密钥分配方案，就像图 4.9 描述的那样：Alice 在正式传递消息之前，先将此次会话的密钥（初级密钥）用 Bob 的公钥进行加密，然后通过公用信道传递给 Bob。在这一过程中，即使 Eve 入侵公用信道，也无法解密获取会话密钥。因为会话密钥是用 Bob 的公钥加密的，所以只能用 Bob 的私钥解密。而 Bob 的私钥只有 Bob 自己知道，别人无从得知。

如果再仔细梳理这个过程，追究细节，就会产生这样的疑问——Alice 是如何得知 Bob 的公钥呢？有人说："这还不简单？每个用户产生一对密钥之后，先将私钥自己保存好，再把公钥公开发布到网上嘛。"的确，这种方法方便快捷，但缺点也尤为突出——很容易被人冒充或篡改，从而造成泄密。

如图 6.9 所示，从最右边（Bob 的位置）开始，逆时针追踪整个流程。看看入侵者 Eve 是如何利用公开发布公钥的漏洞获取 Alice 和 Bob 的会话密钥，进而造成通信泄密的。

（1）Bob 将自己的公钥发布在网上（或者直接发送给 Alice），并声明这是 Bob 的公钥。

（2）Eve 截获了 Bob 发布公钥的信息，得到了 Bob 的公钥，并把信息中 Bob 的公钥替换成自己的公钥。这个信息就成了"我是 Bob，这是 Bob 的公钥（其实是 Eve 的公钥）"，然

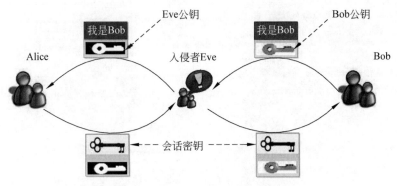

图 6.9 公开发布公钥带来的安全隐患

后把信息发布在网上（或直接发送给 Alice）。

（3）Alice 收到信息后，认为得到了 Bob 的公钥，就把会话密钥用假的"Bob 的公钥"（其实是 Eve 的公钥）加密，发送给 Bob。

（4）在 Alice 发送加密的会话密钥给 Bob 时，Eve 又截获了这个信息。因为这个信息其实是用假的"Bob 的公钥"（其实是 Eve 的公钥）加密会话密钥产生的密文，那么 Eve 就可以用自己的私钥解密，从而得到会话密钥。

（5）Eve 把获取的会话密钥再用 Bob 的公钥加密，伪装成 Alice 的消息发送给 Bob（"Bob 你好，Alice 要与你通话，会话密钥已用你的公钥加密，请查收"）；

（6）Bob 收到消息（认为这是 Alice 发来的），用自己的私钥解密后，得到了会话密钥。

在整个过程中，Alice 和 Bob 始终不知道 Eve 的存在。Eve 先是替换了 Bob 的公钥，又假扮 Alice 把会话密钥发给 Bob，让他们继续用这个已经失效的会话密钥加密通信，进而窃听了 Alice 和 Bob 之间的所有通信内容。

很显然，Alice 收到信息"我是 Bob，这是 Bob 的公钥"，就采取轻信的态度。其实 Alice 更应该保持怀疑的态度：你说这个公钥是 Bob 的公钥，我就相信这是 Bob 的公钥了？它会不会是假的？

就像有人拿着驾驶证来告诉你："你看，这是我的照片，证件上写着我是某某，住址是……"你也不会轻信，你需要看看驾驶证上有没有权威部门（公安交通管理局）的公章。这个权威部门的公章将驾驶人照片和驾驶人的各种信息绑定起来，起到了防伪的作用。如图 6.10 所示，我们也希望把用户身份与其公钥绑定起来，由权威部门"盖章"认证，以防替换和篡改，这就是数字证书，也称公钥证书。

在数字文件中，能够起到"盖章"作用的就是颁发者的数字签名了。当然，这个颁发者也必须像公安机关一样，是一个公认的权威机构。所有用户都知道它的公钥，才能验证它的签名，才能不被欺骗。

如图 6.11 所示，每个用户通过非对称加密技术生成一对密钥。其中，私钥由自己妥善保管，而公钥和自己的身份信息一起提交给大家公认的权威认证机构——颁发者签名生成数字证书。

比如，Bob 把自己的身份信息和公钥提交给颁发者。颁发者用私钥对 Bob 的信息和

图 6.10　驾驶证和数字证书

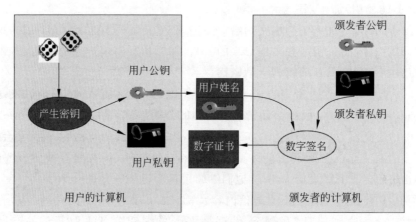

图 6.11　数字证书的产生过程

Bob 的公钥进行签名,签名后就成为 Bob 的数字证书。Bob 拿到了自己的数字证书后,就可以把数字证书发给 Alice。Alice 可以使用颁发者的公钥验证 Bob 的数字证书,从而核实了 Bob 的信息并获得了 Bob 的公钥。然后双方就可以进行会话密钥的加密传递了。

有了数字证书,入侵者 Eve 还能找到漏洞进行冒充么?我们尝试一下:入侵者 Eve 截获了 Bob 的数字证书,由于 Bob 的数字证书是由颁发者的私钥签名的,Eve 只能验证它(使用颁发者的公钥解密),而无法伪造它。也就是说,Eve 可以从 Bob 的数字证书中得到 Bob 的公钥,也可以把 Bob 的身份信息和自己(Eve)的公钥放在一起,但就是没办法得到颁发者的私钥冒充其签名。如果 Eve 用自己的私钥进行签名,将来 Alice 用颁发者的公钥进行验证时,就会发现这是不匹配的。

可见,数字证书是将证书持有者的身份和其拥有的公钥进行绑定的文件,主要的技术手段就是颁发者对其进行数字签名。我们称这个颁发者为证书权威(Certificate Authority,CA),也称证书管理中心。当然,仅仅有这个证书颁发机构是不够的,还需要一个负责受理用户申请证书的注册中心(Registration Authority,RA),此外,还得有存放数字证书的证书库以及管理密钥的密钥服务器。

总之,围绕数字证书如何创建、管理、存储、分发和撤销这一系列问题,需要一整套机构和措施以保障其权威性、合法性、安全性和便利性。这是一个大的系统,称为公钥基础设施(Public Key Infrastructure,PKI),其基本组成如图 6.12 所示。

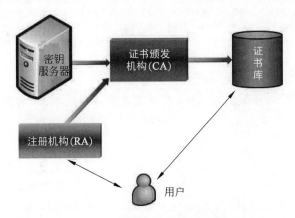

**图 6.12　公钥基础设施的基本组成**

有了公钥基础设施,基于非对称(公钥)密码体制的密钥管理技术就形成了一个闭环。结合 4.3 节的内容,可以看到:密钥管理对数据加密甚至整个信息安全体系来说至关重要,其目的是确保密钥的安全性。一个好的密钥管理系统应该做到以下几点:

(1) 密钥难以被非法窃取。

(2) 在一定条件下窃取了密钥也没用。

(3) 密钥的分配和更换过程对用户透明,用户不一定要亲自掌握密钥。

### “透明”的含义

在信息技术领域,经常强调某种操作对用户是透明的。我们应该如何理解这个“透明”呢? 透明的本意就是可以当作看不见,不需要关心其技术细节,只管用就行了。比如,电子产品里面有很多功能各异的芯片和元器件,但对大多数用户来说,根本不需要知道这些细节。又如,登录各种 APP[①] 时输入的账号和口令正在和服务器数据库中的信息进行对比认证,但对于大多数用户来说,根本不知道有数据库这回事,也不知道登录的过程就是进行身份认证。

不知道,却并不妨碍使用,而且减轻了用户的认知负担,把复杂、琐碎的操作全都交给系统自动处理,这就是信息技术中的“对用户透明”,也就是《周易》中所说的“百姓日用而不知”。为什么强调这一点呢? 这是因为信息技术中的“透明”与生活中的“透明”含义恰好相反。生活中使用的“透明”是指将某件事情公开,让人们了解和监督。比如,选举的过程要对公众透明,物资分配的流程要对群众透明,等等。

---

① APP 是 Application(应用程序)的缩写,一般指安装在智能手机上的客户端软件。

# 第 7 章

# 安全的网络协议

> 在科学研究中,像制造业一样,更换工具是一种浪费,只有在不得已时才会这么做。危机的意义就在于,它指出更换工具的时代已经到来了。
>
> ——托马斯·库恩(美国科学哲学家)

回顾一下 1.2.2 节提到的关于信息安全的"三方博弈"模型:Alice 和 Bob 正在相互发送消息,但是由于入侵者 Eve 的攻击,使得 Alice 和 Bob 之间的信息传递受到了威胁。可以看出,无论是用户之间的信息传递,还是入侵者的非法攻击,都是在传输介质上进行的。

从广义上讲,烽火、飞鸽、驿站这些传统的传输介质,人类不仅在过去使用了很长时间,未来可能还会一直使用(或作为备用)。从狭义上讲,进入信息时代以后,在信息安全领域里一提到传输介质指的就是网络,尤其是计算机网络,如图 7.1 所示。

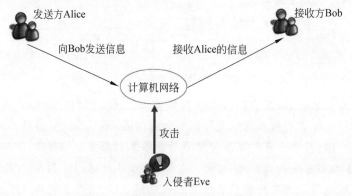

**图 7.1　计算机网络是主要的传输介质**

在日常用语中,人们一般把计算机网络称为互联网,就像人们一般把计算机称为电脑一样。截至 2020 年底,全世界超过六成的人口已经通过互联网连接到了一起。互联网不只是一种将各种计算机连接到一起的技术,也不只是为人类提供全新通信方式的手段,而是从政治、经济、文化和生活上根本地改变了社会,并且推动了人类文明的飞速进步。

## 网络的区分与融合

人们在工作生活中最常用到的 3 种网络分别是电信网络、有线电视网络和计算机网络。它们向用户提供的服务有所不同:电信网络的用户可得到电话、电报以及传真等服务;有线电视网络的用户能够观看各种电视节目;计算机网络则可使用户能够迅速传送数据文件,以及从网络上查找并获取各种有用资料,包括图像、视频和音频文件。

虽然这 3 种网络在信息化过程中都起到了十分重要的作用,但其中发展最快并起到核心作用的还是计算机网络。随着技术的不断进步,电信网络和有线电视网络有了逐渐融入现代计算机网络的趋势,这就产生了“三网融合①”的概念(图 7.2)。如此一来,电话、电视就能和计算机一样,都可以成为互联网上的设备,给人们提供更加丰富多彩的服务内容。

图 7.2　三网融合

# 7.1　互联互通的能力

为了共享资源(比如打印机、扫描仪)和交换信息(传递文件、联机游戏),人们会把两台或两台以上的计算机相互连接,构成一个局域网(Local Area Network,LAN)。如图 7.3 中左图所示,可以认为局域网就是一种最简单、最基础的计算机网络。

世界上存在着难以计数的局域网,它们常常使用不同的软硬件,而连接到一个局域网中的人经常要与另一个局域网中的人通信。为了做到这一点,那些不同且通常互不兼容的局域网也要连接起来,这就构成了图 7.3 中右图所示的互联网络(internetwork)或互联网(internet)。

需要注意,“互联网”一词具有通用意义,泛指由多个计算机网络互联而成的网络,故其英文 internet 的首字母一般是小写。由于当代互联网的主体是因特网(Internet,首字母大写),所以在很多文献中就用因特网指代互联网,不做严格的区分了。接下来的内容将通过介绍因特网的来龙去脉,进一步描绘互联网的通用结构。

---

①　三网融合的核心思想就是三大网络通过技术改造,其技术功能趋于一致,业务范围趋于相同,网络互联互通、资源共享,能为用户提供语音、数据和广播电视等多种服务。这并不意味着三大网络的物理合一,而主要是指高层业务应用的融合。

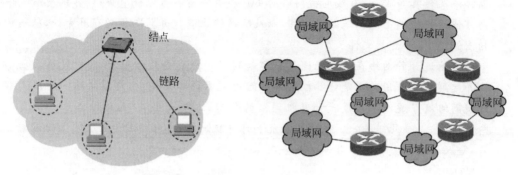

图 7.3　局域网(左)和互联网(右)

### 7.1.1　连接的开始

因特网的雏形是美国高级研究计划署(Advanced Research Projects Agency,ARPA)在 20 世纪 60 年代建立的阿帕网(ARPANET)。最早接入阿帕网的只有 4 个结点,即分别位于斯坦福大学的斯坦福研究中心(SRI)、加州大学洛杉矶分校(UCLA)、加州大学圣巴巴拉分校(UCSB)以及犹他州大学(UTAH)这 4 所美国西部大学的 4 台大型计算机。

1969 年 10 月 29 日 10 点 30 分,计算机科学家伦纳德·克兰罗克和他的助手查理·克莱恩尝试从加州大学洛杉矶分校向斯坦福研究中心发送消息。消息的内容非常简单,就是一个包含 5 个字母的英文单词——LOGIN,意思是"登录"。不过第一次传输消息就出现了问题,"L"和"O"都被成功传送,在传输"G"的时候系统突然崩溃了。这样,世界上第一条通过阿帕网传输的消息就成了"LO"。工程师们又忙活了一个多小时,才修复问题,把这 5 个字母的单词完整地传送过去。

虽然阿帕网从诞生之日起就开始不停地扩张,但早期用户也只有少量的科研人员(包括学生)。因为当时计算资源非常稀缺和昂贵,即使一所名牌美国大学拥有的计算能力比今天的一台普通个人计算机也强不到哪儿去。为了方便科学研究,1981 年,美国自然科学基金会(National Science Foundation,NSF)首先在阿帕网的基础上做了大规模的扩充,形成了后来的 NSFNET。这个网络连接了一些超级计算中心,可以让大学和研究机构远程使用这些超级计算机。这不仅有利于共享研究成果,而且节约了大量的差旅费用。

到了 20 世纪 80 年代末,一些公司也希望接入这个网络。美国自然科学基金会没有义务为它们买单,因此就出现了商业的互联网服务提供商。此时,由于担心军事机密安全问题,美国军方已经从阿帕网分离出来,创建了自己的军网。几年之后,美国自然科学基金会也从管理机构中退出,这标志着政府将这个产业完全交给了民间组织和私营企业。从此以后,整个因特网迅速开始商业化,大量资金的涌入使得因特网开始爆炸式地增长。因特网乃至整个互联网的辉煌历程说明,产业的发展更多是靠市场机制而不是政府的扶持。

### 7.1.2　规则的统一

1973 年,阿帕网就跨越了大西洋,利用卫星技术与英国、挪威实现连接,世界范围内的互联互通已经提上了日程。但是不同的国家、不同的领域,甚至同一个国家的不同地区,先后采用不同的技术建立了各自的局域网,这些网络的信息编码和传输标准各不相同,就如同文化、语言迥异的人们一起开会,相互沟通是非常困难的。

全世界的局域网要想真正高效地互联互通,就需要共同遵守一个规范电子设备如何接入、数据如何传输的标准。很多时候,人类集团之间的协商总是比人与机器的协商耗费更高的成本。各种计算机互联技术发明出来也不过平均耗时 3 年左右,但是在众多网络通信协议中进行选择却整整历时 10 年之久。1983 年 1 月 1 日,阿帕网的 TCP/IP (Transmission Control Protocol/Internet Protocol,传输控制协议/因特网互联协议)最终胜出,成为人类至今共同遵循的网络传输控制协议。

TCP/IP 是由温顿·瑟夫和罗伯特·卡恩一起设计的,他们不仅因此在 1997 年被克林顿总统授予国家最高科技奖项——美国国家技术奖,还在 2004 年获得了图灵奖,而且被人们誉为"互联网之父[①]"。由此可见 TCP/IP 对互联网来说是多么重要。

## IP　地　址

在生活中,如果我们想给朋友打电话或邮寄包裹信件,就要首先知道对方的电话号码或家庭住址。IP 地址就是计算机在互联网上的电话号码和家庭住址。正是有了 IP 地址,计算机才可以在网络中找到想要连接的主机,然后与之相互传递信息。在 Windows 系统中,可以进入"控制面板",接着单击"网络和共享中心",然后单击"本地连接",最后单击"详细信息",查看包括 IP 地址在内的网络协议配置情况。

目前最常用的 IP 还是第 4 个版本,称为 IPv4(Internet Protocol version 4)。它规定 IP 地址是一个 32 位的二进制数,通常被分割为 4 个 8 位二进制数(也就是 4 字节),比如 11000000 00001001 11001000 00001101。为便于表达和识别,计算机的软件工具都将 IP 地址以十进制形式呈现给用户,每段(1 字节)能表示的十进制数不超过 255,4 段之间用"."隔开,比如 192.9.200.13。

实际上,TCP/IP 包含了 100 多个协议,因为 TCP 和 IP 是其中两个最重要的协议,所以用它们给整个协议集命名。如图 7.4 所示,TCP/IP 模型采用 4 层的层次结构,有时候为了和国际标准化组织提出的 OSI/RM(Open System Interconnection Reference model,开放系统互连参考模型,简称 OSI 参考模型)相对应,也会把它分成 5 层描述。

TCP/IP 的首要任务就是提供从一台计算机到另一台计算机传输报文[②]所需的基础设施。在因特网上,报文传输活动是通过软件单元的层次结构完成的,这和两个不同国家的公司进行合作谈判过程类似。如图 7.5 所示,首先,公司 1 的总裁给出合作方向,确定谈判原则;经理要根据总裁的思路斟酌合作的各项业务;秘书把经理的具体方案整理出

---

①　有"互联网之父"美誉的人还包括前阿帕网信息技术处理办公室主任罗伯特·泰勒、前阿帕网项目负责人拉里·罗伯茨、加州大学洛杉矶分校特聘教授伦纳德·克兰罗克以及万维网发明人蒂姆·伯纳斯-李等人。

②　报文(message)是网络中交换与传输的数据单元,即站点一次性要发送的数据块。报文包含了将要发送的完整的数据信息,其长度不限且可变。

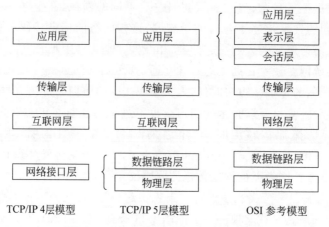

图 7.4 TCP/IP 模型和 OSI 参考模型

来,用严谨的语言、规范的格式进行描述;翻译把秘书撰写的文字材料翻译成国际通用的语言;最后通过相应的渠道把合作材料送到公司 2。公司 2 则自底向上进行相应的操作:翻译先把合作材料翻译成本国语言;秘书核实具体的谈判条款;经理对各项具体业务进行初步分析;最后由总裁权衡利弊,做出决策。

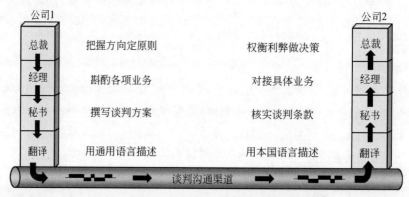

图 7.5 两个不同国家的公司合作谈判的例子

简而言之,这个合作谈判过程需要 4 层:总裁、经理、秘书、翻译。每一层把下一层当作抽象工具使用——经理不太关心秘书的工作细节,秘书也不需要考虑翻译的专业水平。组织的每一层在两个公司都有代理,公司 2 各层的代理完成公司 1 相应层的代理的"逆向"工作。

在因特网上的两个主机进行消息传递可以类比为公司谈判,如图 7.6 所示。在主机 1 这一端,由应用层产生一个报文,当这个报文准备发送的时候,从应用层向下传递,经由传输层和互联网层,最后传递到网络接口层,转化为电信号或光信号进行传输。主机 2 的网络接口层接收到信号之后,逆向沿分层结构向上传递,层层重组信息,直到把报文交给应用层解读。

概括地说,因特网上的通信涉及 TCP/IP 的 4 层协议的相互作用。应用层以应用的角度处理报文;传输层把报文转换成适合因特网的分组,并负责将收到的报文分组重组为

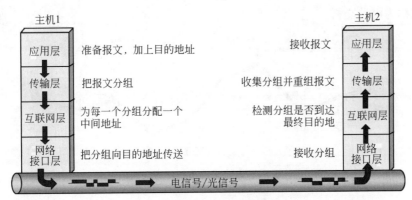

**图 7.6 因特网上报文的传输过程**

报文后交给适当的应用程序;互联网层处理分组在因特网中的发送方向;网络接口层负责实际的传输,并处理主机所在网络特有的通信细节。令人惊讶的是,虽然有这么多的工作,因特网的响应时间却是以毫秒计的,所有繁杂的事务都是瞬间完成的。

### 7.1.3 分组的传递

提到传递信息,人们曾经最常用的手段就是电话了。在电话问世后不久,人们就发现,要让所有的电话机都两两相连是不现实的。如图 7.7 所示,两部电话机只需要一根电线就能够相互连接起来,但如果 5 部电话机两两相连则需要 10 根电线,$N$ 部电话机两两相连就需要 $N(N-1)/2$ 根电线。也就是说,电线数量大约与电话机的数量的平方成正比。当电话机数量很大的时候,代价实在是太高了。于是人们发明了交换机,把电话机都连接到交换机(或者多个交换机彼此相连组成的电信网)上,这样就只需要和电话机数量差不多的电线就能搞定了。

(a) 两部电话机直接连接  (b) 5部电话机两两直接连接  (c) 用交换机连接多部电话机

**图 7.7 电话机的不同连接方法**

在用电话通话之前,必须先拨号建立连接,如图 7.8 所示,作为主叫端的 A 和被叫端 B 之间就建立了一条连接(物理通路)。这条连接占用了双方通话时所需的通信资源,而这些资源在双方通话时不会被其他用户占用,这就保障了通话质量。通话完毕挂机后,这些交换机才会释放刚才使用的这条物理通路,归还占用的通信资源。这种必须经过建立连接(占用通信资源)→通话(一直占用通信资源)→释放连接(归还通信资源)3 个步骤的交换方式称为电路交换。

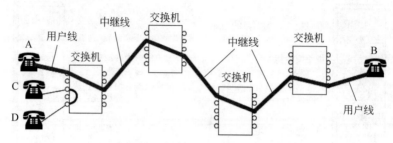

**图7.8　通话双方始终占用端到端的通信资源**

电路交换的一个重要特点就是在通话的全部时间内,通话双方始终占用端到端的通信资源。在 A 和 B 通话的过程中,无论是 C 还是 D 都无法和 A 或 B 建立连接,如果此时C 或 D 向 A 或 B 拨号呼叫,也只能听到占线的提示音——"您拨打的用户正在通话中,请稍后再拨。"虽然目前大部分手机可设置呼叫等待功能,但你还是要等待对方通话结束之后才能和他真正通话。

可以想象,使用电路交换进行计算机网络的数据传输显然是不合适的——如果 A 和B 一旦开始进行消息传递(例如 A 用户在 B 网站上看视频或者下载软件)就始终占用端到端的通信资源,其他用户都无法和他们进行游戏互动或者 QQ 聊天,这样的互联网肯定效率不高、用处不大。计算机用户一般都是多任务的,大部分时间都在同时干各种事情,例如编辑文档、观赏视频、试听音乐、浏览网页。而这些应用(文档、视频、音乐、网页)所需的数据都是很快就下载到用户的本地 PC 内存中,用户进行编辑、观赏、试听和浏览的时候,已经被用户占用的通信线路在绝大部分时间里都是空闲的。由于人们习惯于始终在线的感觉(这和打电话不一样),所以如果用电路交换方法运行互联网,宝贵的通信线路资源都会被白白浪费了。

想象一个生活中的例子:现在大学生毕业的时候都流行毕业旅行,假设一届共有3000 多人,想一起从北京去一趟珠海。如果按照电路交换的思想,就要从北京到珠海开通一趟专列,例如"北京—石家庄—郑州—长沙—广州—珠海",所有人都坐着同一辆专列一起往返。这样的代价太高——整条铁路线上只有这趟专列,利用率极低,而且根本不现实。别说专线专列了,3000 多人能买到同一车次的票也几乎是不可能的。

实际上,这些人只要分批前往,就能很好地解决这个问题,比如以班级、宿舍甚至个人为一个基本单元购买不同车次的票,没必要纠结于在旅途中大家都在一起。如果一条线路购票紧张,还可以分出一部分同学购买其他线路的车票,途经不同的城市,就算绕点路也没什么大不了的。甚至有人可以早出发两天,有人晚出发两天,最终定下一个合适的时间在珠海集合就行了。由于出发地和目的地是固定的,采用分批前往的策略要机动灵活得多,也提高了整个铁路网的运输效率。

如图 7.9 所示,和分批运送的铁路交通一样,互联网中的信息传递一般采用分组交换的思想。通常把计算机一次要发送的信息称为一个报文,在发送报文之前,把它划分为一个个更小的基本单元,比如,规定这个基本单元大小为 1024b 甚至是 16b。然后,还要在每个基本单元前面加上首部,其中存放了一些必要控制信息,比如,这个基本单元是从哪里发送过来的,要到哪里去,属于这个报文的第几部分。这样的基本单元称为分组,又称为包,分组的首部也可称为包头。于是一个报文就变成了一个一个的分组。而接收端的计算机陆续获取了这些分组之后,可以按照其首部中的控制信息把这些数据段按照原先的次序拼接起来,重组为报文。

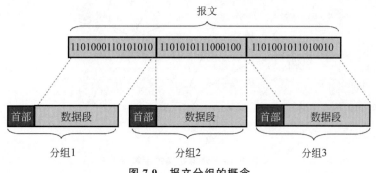

图 7.9　报文分组的概念

　　这些分组在互联网中传递的过程中很可能经过不同的结点,到达目的地的时间也可能各不相同。如图 7.10 所示,假设主机 $H_1$ 和 $H_2$ 同时向 $H_5$ 发一个报文,$H_1$ 发送的报文被分为 3 个分组——分组 11、分组 12 和分组 13,$H_2$ 发送的报文也被分为 3 个分组——分组 21、分组 22 和分组 23。$H_1$ 先把分组 11 传递到最近的结点 A,然后 A 把分组 11 转发到结点 B,接下来 B 再把分组 11 转发到 E,E 转发给 $H_5$ 即可(此时 A、B 之间的链路①已经空闲了,可以为其他主机转发分组)。如果结点 A 在打算转发分组 11 给 B 的时候,发现 B 正在向 $H_2$ 转发分组 21,那么结点 A 可以沿着另一条路线转发,即转发分组 11 给结点 C,C 再转发给 E 就行了。以此类推,主机 $H_1$ 和 $H_2$ 把所有分组通过不同的结点分批发送给 $H_5$,而给用户的感觉就像 $H_5$ 一直只和自己进行消息传递一样,同时 $H_1$ 和 $H_2$ 还可以接收到网络中其他主机给它们发送的消息。

　　可以看出,分组交换在传送数据之前不必先占用一条端到端的通信链路。分组在一段链路上传送时才真正占用这段链路的通信资源。分组到达一个结点之后,该结点先暂时将分组存储下来,等查找到合适的链路再转发到下一个结点(如果计划使用的链路已经被其他分组占用,就可以更改计划,换一条链路转发到另一个结点)。分组在传输时就这样一段段地断续占用通信资源,而且省去了像电路交换那样建立连接和释放连接的开销,因而整个网络的传输效率更高。

　　图 7.10 中的 A、B、C、D、E 这 5 个结点就是互联网的枢纽——路由器,它们就像互联网中的“交通警察”,是最重要的互联网设备之一。路由器和主机都是计算机,只不过路由器专门负责转发分组,即进行分组交换。目前路由器已经广泛应用于各行各业,各种不同档次的路由器产品已成为实现各种骨干网内部连接、骨干网间互联和骨干网与互联网互联互通业务的主力军。

---

　　①　链路就是从一个结点到相邻结点的一段物理线路,中间没有任何其他的交换结点。在进行数据通信时,两个计算机之间的通路往往是由许多链路串接而成的。

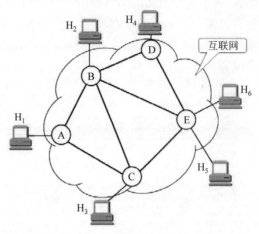

图 7.10　分组交换的示意图

## 7.2　各式各样的服务

TCP/IP 的最顶层是应用层,这一层的协议提供了很多和用户直接相关的标准服务,包括远程终端访问、电子邮件、文件传输、万维网访问、域名服务、网络文件系统和网络信息服务。围绕着这些服务,互联网向人们呈现了丰富多彩的内容。其中,电子邮件、文件传输、万维网和域名服务都是人们工作和生活中最常用的功能。

### 7.2.1　电子邮件和文件传输

大家都能感觉到,电话这种实时通信有两个严重的缺点:一是主叫和被叫双方都必须同时在线,虽然高级的电话机有留言功能,但还是不方便;二是常常不必要地打断人们的工作和休息,在驾驶汽车、参加会议或者睡意正浓的时候,电话铃声的突然响起总是让人们无比恼火。

电子邮件就很好地解决了上面两个问题。发件人可以把电子邮件发送到收件人的邮箱;收件人可以随时上网到自己的邮箱里查看邮件,抽空回复,并把回复的邮件再发回发件人的邮箱。电子邮件不仅简单易用,而且传递迅速、费用低廉(很多邮箱基本不用花钱)。据报道,使用电子邮件之后可以提高 30% 以上的劳动生产效率。现在已经很少有人愿意去邮局发电报和寄纸质信件了,因为那样又贵又慢,还不够方便。

关于电子邮件的起源,有一个故事流传甚广。为阿帕网工作的麻省理工学院博士雷·汤姆林森把一个可以在不同的计算机网络之间进行复制的软件和一个仅用于单机的通信软件进行了功能合并,命名为 SNDMSG(即 send message)。为了测试,他使用这个软件在阿帕网上发送了第一封电子邮件,收件人是另一台计算机上的自己。尽管这封电子邮件的内容连他本人也记不起来了,但那一刻仍然具有开创性的历史意义——电子邮件诞生了。阿帕网的科学家们以极大的热情欢迎了这个石破天惊般的创新,因为他们的想法及研究成果终于可以方便、快捷地与同事共享了。

和传统的纸质邮件一样,电子邮件也由"信封"和"内容"两部分组成。电子邮件的传输程序根据邮件"信封"上的信息传送邮件,而"信封"上最重要的就是收件人的地址。TCP/IP 规定电子邮件地址的格式如下:

USER@SERVER.COM

可见,电子邮件地址由 3 部分组成:

(1) USER 是收件人邮箱名,也就是用户邮箱的账号,对于同一个邮件接收服务器来说,这个账号必须是唯一的。

(2) @是分隔符。据说,汤姆林森选择这个符号主要是因为它比较罕用,不会出现在任何一个人的名字当中,而且这个符号的读音也有"在"的含义。

(3) SERVER.COM 是收件人邮箱的邮件接收服务器域名,用以标志其所在的位置。

早期,电子邮件的正文只有文本信息。随着技术的发展,现在电子邮件的正文里也可以有背景音乐和动画视频之类的多媒体信息了,而且附件中还可以传送各种格式的文件。但是,人们一般也只用电子邮件传输少量的较小的文件。批量传送大文件还是要使用专门的文件传输工具,而这些文件传输工具大部分是基于文件传输协议(File Transfer Protocol,FTP)的,所以也称 FTP 工具。

FTP 提供交互式访问功能,允许用户指明文件的类型和格式(如指明是否使用 ASCII 码),并允许文件具有存取权限(如访问文件的用户必须经过授权,并输入有效的口令)。FTP 隐藏了各个计算机系统的细节,因而适合在异构网络中的任意计算机之间传送文件。使用图形化界面的 FTP 工具,如 CuteFTP(图 7.11)、LeapFTP、FlashFXP 等,只需要拖动文件或文件夹就能把它们从 FTP 站点下载到用户的 PC 硬盘中。

图 7.11　CuteFTP 的图形界面

### 远程终端访问

有时候,人们希望在本地计算机上连接到远端的另一台计算机上(使用主机名或 IP 地址),然后将自己的操作传到远端计算机上,同时也将远端计算机的输出返回到本地计算机的屏幕上。如此一来,用户感觉好像键盘和显示器是直接连接在远端计算机上一样。而实现这种功能的协议就是 Telnet,又称终端仿真协议。

Telnet 本身不具有图形功能,它仅仅提供基于字符界面的访问功能。而现在的许多应用软件甚至操作系统的实用工具都提供了图形界面,以方便用户进行远程终端访问。如图 7.12 所示,Windows 系统自带的远程桌面是一个典型的例子,这种在自己的计算机桌面上呈现另一台计算机桌面的方式让人感觉很方便。

图 7.12　远程桌面

## 7.2.2　互联网的"灵魂"——万维网

万维网(World Wide Web,WWW),简称 Web,中文名字为环球信息网。它并非某种特殊的计算机网络,而是无数个网络站点和网页(文件扩展名为.html 或.htm)的集合,它们构成了当今互联网最主要的部分[①]。

万维网的每一个文档都有唯一的标识符——URL(Uniform Resource Locator,统一

---

①　在互联网发展的早期,用 FTP 传送文件的流量占通信量的 1/3,其次是电子邮件。但是从 1995 年开始,万维网的通信量开始稳居第一。

资源定位符),在浏览器的地址栏中输入某个网页的 URL,也就是人们常说的网址,就可以打开这个网页,浏览它的信息。如图 7.13 所示,网页中有些地方的文字是用特殊方式显示的(例如用不同的颜色显示或添加了下画线),而当用户将鼠标指针移动到这些地方时,鼠标指针就变成了一只手的形状。这就表明这些地方有一个链接(有时也称为超链接)。如果在这些地方单击鼠标,就能获取另一个网页的 URL 并跳转到该网页上进行浏览。万维网用链接的方法能非常方便地从因特网上的一个站点跳转到另一个站点,从而主动地按照用户需求获取丰富的信息,这种动动鼠标就能在不同网页之间跳转的方式被广大网民形象地称为网上冲浪[1]。

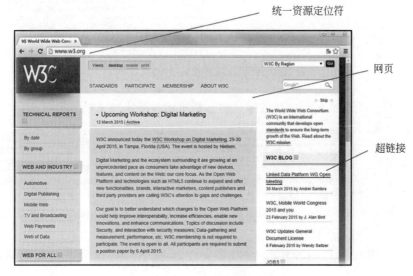

图 7.13　一个网页的示例

　　大家可能会发现,网页不是一个普通的文档,不仅文字有不同的格式(比如,用大号的字表示标题,用带有下画线或不同颜色的文字表示链接),而且还有图形、图像、声音、动画和视频等大量媒体文件。为了在网页中展示这些丰富多彩的内容,万维网使用了超文本标记语言(HyperText Mark-up Language,HTML)。

　　如图 7.14 所示,打开一个网页的源代码(在浏览器的"查看"下拉菜单里选择"查看网页源代码"命令),就可以看到 HTML 文档对如何显示网页内容作了很多标记说明,即标签(用尖括号表示)。比如,<I>表示后面开始用斜体字排版,</I>则表示斜体字排版到此结束。<A>表示后面开始的内容是一个超链接,</A>则表示链接到此结束。这就像有的秘书给经理写演讲稿一样,为了让经理合理运用语气和把握节奏,也要在文档之中加上标签。例如,在重要词语后面用圆括号标注"(此处反复强调三次)",在精彩句子结束处提醒"(此处有掌声)"。当然,这只是给经理的提示,如果经理把这些圆括号中的文字都念出来了,那就闹大笑话了。浏览器显然不会那么傻,它只要看到文档的格式是网页

---

　　① 网上冲浪的英文是 surfing the Internet,作家简·阿莫尔·泡利通过他的作品《网上冲浪》使这个概念被大众接受。

图 7.14    网页及其源代码（HTML 文档）

（以 html 或 htm 为扩展名），就会按照这些标签描述的格式对文档进行展示，而不会把标签本身显示出来。

为了保证计算机正确、快速地传输超文本文档，并且能够确定传输文档中的哪一部分以及哪部分内容首先显示（如文本先于图形等），万维网的运行需要有一个统一标准，这个标准就是超文本传输协议（HyperText Transfer Protocol，HTTP）。大家在浏览器的地址栏中输入某个网址的时候，常常会发现网址前面有一串字符"http://"，显然，这个网页是默认遵循超文本传输协议的。

为了方便浏览网页，1993 年 2 月，第一个图形界面的浏览器开发成功，名字叫 Mosaic。它的研发者之一马克·安德森接着创办了一家软件公司——网景，并于 1995 年推出了 Netscape Navigator 浏览器，不到一年就卖出几百万份，几乎占据了这个市场的全部份额。微软公司立刻跟进，研发了 Internet Explorer，也就是 Windows 系统自带的 IE 浏览器。微软公司采用免费附赠这一非常规方式干脆利落地击败了网景公司，奠定了 IE 此后 20 年的霸主地位。直到 2008 年，谷歌公司毅然推出了自己的产品——Chrome 浏览器，开辟了一个轻量化和高效化的新时代。时至今日，无论是在移动端还是 PC 端，Chrome 占据了全球市场份额的大半，网络浏览器这个领域呈现出"一超多强"的局面（图 7.15）。

图 7.15    各具特色的网络浏览器

可以说，WWW 技术给互联网赋予了强大的生命力，Web 浏览的方式给了互联网靓丽的青春。正是由于万维网的出现，使互联网从仅由少数计算机专家使用变为普通人也能利用的信息资源。随着网站数量的指数级增长，全世界网民纷纷涌入互联网中。因此，万维网的出现是互联网发展历史中非常重要的一个里程碑。

### 7.2.3　域名和域名服务

在浏览器的地址栏中输入某个网址,例如 www.baidu.com,就能访问这个网站的内容。所以很多人认为网址就是这个站点服务器在互联网中的名字,又称域名。在 7.1.2 节提到过,IP 地址是计算机在互联网上的"电话号码"和"家庭住址",也就是说,通过 IP 地址就可以直接寻找到某个站点服务器并进行访问。那么,为什么还需要域名呢? 这不是多此一举么?

在现实生活中,我们会发现人类的大脑更擅长形象化思维,也就是说对文字描述比对数字编码更加敏感。虽然每个人都有身份证号,它更加正式和唯一,但是人们还是喜欢用姓名称呼和区别周围的人。虽然在历史上也有不正常的例子,比如元朝,老百姓如果不能上学和当官就没有名字,只能以父母年龄相加或者出生的日期命名。于是明太祖朱元璋的原名叫朱重八(也就是朱八八),他的父亲叫朱五四,祖父叫朱初一,曾祖叫朱四九,高祖叫朱百六……反正,我是经常分不清谁是谁,估计元朝登记户口的人也时常眼花。

很显然,当用户与网上的某个计算机通信的时候,当然不愿意使用很难记忆的 32 位二进制 IP 地址,就算表示为十进制数字也不方便。所以,大家都愿意使用这种形象化的域名,长度可变,灵活好用。如图 7.16 所示,每一个域名都由几个标号(英文字母或数字字符串)组成,各个标号之间用点(.)隔开。每个标号不超过 63 个字符(但为了记忆方便,最好不超过 12 个字符),也不区分大小写字母(例如,CCTV 和 cctv 在域名中是等效的)。标号中除了连字符(-)外不能使用其他的标点符号。级别最低的域名写在最左边,而级别最高的顶级域名写在最右边。由多个标号组成的完整域名总共不超过 255 个字符。

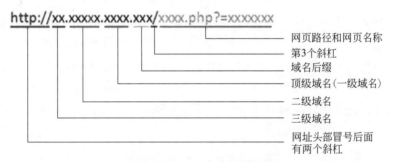

**图 7.16　网址的结构**

以网易新闻报道《国内首条无人驾驶轨道交通线路开通》的网页为例——http://bj.news.163.com/photoview/75UK0438/1769.html?from＝tj_xytj♯p＝D6T7121L75UK0438NOS。中间的标号 163 是这个域名的主体,可以看作网易公司的"代号";最后的标号 com 则是该域名的后缀,用以标识 163 是一个 com 类型的顶级域名;而 163 之前的标号 news 是二级域名,表示这是网易的新闻版块;bj 是三级域名,代表这里的新闻都是围绕着北京这个主题;在第 3 个斜杠之后的内容 photoview/75UK0438/1769.html? from＝tj_xytj♯p＝D6T7121L75UK0438NOS 就是该网页在域名 bj.news.163.com 对应服务器下的具体路径和编号了。

根据域名后缀,可以初步辨识这个域名的种类。比如,普通的机构或公司通常有 .com、.net 和.org 3 种类型可以选择①,其代表的业务或服务性质如下：.com 用于商业性的机构或公司,.net 用于从事 Internet 相关的网络服务的机构或公司,.org 用于非营利的组织、团体。还有一些用来标识地区的地理顶级域名。域名的层次结构如图 7.17 所示。

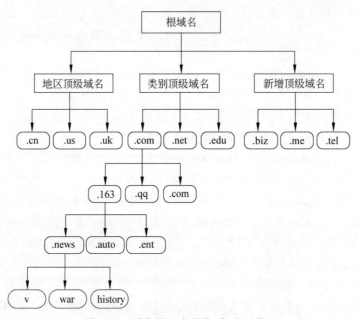

**图 7.17   域名的层次结构(部分列举)**

域名虽然便于人类的记忆和使用,但 IP 地址依然不能丢掉。毕竟计算机和人类不一样,它们最擅长处理的还是固定长度的数字。这就是"萝卜青菜,各有所爱"吧。于是为了让人和计算机更好地合作,互联网就需要提供一种服务,能够进行域名和 IP 地址的转换(也叫作解析),这种服务就是域名服务(Domain Name Service,DNS)。域名服务器就是提供域名服务的程序和计算机,从某种角度看,它和用于查找电话号码的"大黄页"功能类似(图 7.18)。

## 国际域名的注册与管理

域名注册是一项非常有限的资源管理工作,Internet 上的每个域名都是独一无二的。国际域名遵循先申请先获得的原则,也就是说,如果一个域名被注册了,其他任何机构都无权再注册相同的域名。可见,虽然域名是网络中的概念,但它已经具有类似于产品的商标和企业的标识的作用。

ICANN(The Internet Corporation for Assigned Names and Numbers,互联网名称与数字地址分配机构)成立于 1998 年 10 月,是一个集合了全球网络界

---

① 此外,.edu 用于教育机构,.gov 用于政府部门,.mil 用于军事机构,.int 用于国际组织,等等。

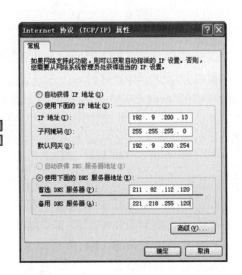

图 7.18　"大黄页"和域名服务器

商业、技术及学术各领域专家的非营利性国际组织,负责 IP 地址的空间分配、协议标识符的指派、通用顶级域名(generic Top-Level Domain,gTLD)以及国家和地区顶级域名(country code Top-Level Domain,ccTLD)系统的管理,还负责根服务器系统的管理。

　　ICANN 并不负责域名注册,只负责管理其授权的域名注册商,在 ICANN 和域名注册商之间还有一个 VeriSign 公司,域名注册商相当于从 VeriSign 公司"批发"域名。

# 7.3　后知后觉的升级

　　通过 7.1 节的介绍可知,互联网一开始的目标非常单纯——就是要实现计算机之间的互联互通。为了高效达成目的,设计 TCP/IP 的前提也被简化为"所有网络参与者都是值得信任的",并没有全面地考虑截取、篡改、伪造、中断等威胁。随着网络规模的不断扩大和网络服务的不断增加,TCP/IP 先天的安全脆弱性逐渐暴露出来,不仅影响了整个网络的运行效率,也给互联网用户的财产安全和人身安全带来了巨大的隐患。

　　为了应对这些层出不穷的挑战,人们一方面着手对原来的 TCP/IP 进行升级换代,另一方面开发了很多运行在 TCP/IP 上的安全协议作为补充。可以说,安全协议是网络安全体系结构中的核心问题之一,是将密码技术应用于网络安全系统的纽带,是确保网络信息系统安全的关键。

## 7.3.1　IP 的进化

　　在生活中,如果想给某人打电话,就要先知道对方的电话号码,否则就无法通过电信网络联系到这个人。同理,在互联网上,如果想要访问某台计算机,就必须知道它的 IP 地址

（网址也对应着该网站的 IP 地址）。可以认为，没有 IP 地址的计算机是无法接入互联网的。

目前最常用的 IP 还是第 4 个版本，称为 IPv4，它规定 IP 地址是一个 32 位的二进制数。这在理论上就限制了因特网上的地址数量不能超过 $2^{32}$ 个，约为 43 亿个，实际可用地址数量在 40 亿个以内（这是因为一些地址具备特殊意义，要被保留）。而因特网起源于美国的阿帕网，所以北美优先占有了 3/4 的 IP 地址，约 30 亿个。人口最多的亚洲仅仅拥有不到 4 亿个 IP 地址，落到中国头上的只有 3000 多万个 IP 地址。IP 地址不足的问题已经严重地制约了我国及其他国家互联网的应用和发展。

## 代理服务器

很多人都会有疑问：ICANN 只给我国分配了 3000 多万个 IPv4 地址，但是我国网民数量已经超过 10 亿，这么多的人是怎么上因特网的呢？其实，这种资源短缺的情况在 20 世纪的电信网络中也出现过——当时中国的大多数工薪阶层并没有条件安装家庭电话，更别提拥有移动电话了。不过，人们依然可以通过村委会和传达室的公用电话联系上自己的亲戚朋友。也就是说，张三想要和远方的李四聊天，张三就去村委会拨通李四住宅区的传达室电话，让值班的大爷去叫李四来接电话。

可以认为，村委会和传达室的公用电话给人们提供了一种"代理服务"，这使得整个村庄或整个住宅区的所有人员都可以通过这种服务连接到电信网络中。因特网上也有类似的代理服务，而提供代理服务的计算机系统或其他类型的网络终端称为代理服务器。如图 7.19 所示，位于中间位置的代理服务器有一个公网 IP 地址，可以直接连入因特网。位于左侧的内部网络中的 3 台计算机使用的是私有 IP 地址[①]，它们只能通过代理服务器访问因特网上的 Web 站点。

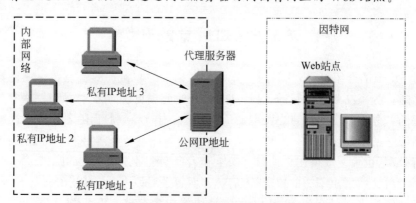

图 7.19　通过代理服务器上网

代理服务这种方式可以极大地节省 IP 地址开销：只需要给代理服务器分配一个公网 IP 地址，内部网络的所有计算机就都可以通过它上网。当然，这种

---

[①]　私有 IP 地址是一段保留的 IP 地址，只在局域网中有效，无法在因特网上直接使用。就像昵称一样，只在亲朋好友的范围内称呼，到了社会上就没有辨识度了。

间接的连接还是会降低获取外网信息的效率。但正因如此,也起到了保障内部网络信息安全的作用:代理服务器可以作为防火墙以隔绝内外,使得外网的黑客和病毒只能攻击代理服务器,无法直接访问内部网络的其他计算机。

到了 2011 年,最后一批基于 IPv4 的 IP 地址也全部用尽,很多计算机已经没有办法直接连入因特网了。而人们还想把数量远远多于计算机的电子设备甚至世间万物互联起来,这就需要突破 IPv4 地址限制的壁垒,人们开始探索新的解决方案——下一代网络协议,称为 IPv6。

与 IPv4 相比,IPv6 具有以下几方面的优势:

(1) 更大的地址空间。IPv6 地址长度为 128 位,这在理论上可以提供多达 $2^{128}$ 个 IP 地址,约为 $3.4 \times 10^{38}$ 个 IP 地址。IPv4 提供的 $4.29 \times 10^{9}$ 个 IP 地址与之相比,完全不在一个数量级上。可以这么说,IPv6 可以给全世界每一粒沙子都分配一个独一无二的 IP 地址。

(2) 更好的服务质量。IPv6 改进了数据包的包头格式,简化和加速了路由选择过程;使用了更小的路由表,提高了路由器转发数据包的速度;加入了对自动配置的支持,使得网络(尤其是局域网)的管理更加方便和快捷;如果新的技术或应用需要时,允许协议进行扩充……这些改动使得 IPv6 能够提供更好的网络服务。

(3) 更高的安全性能。IPv4 出现的时候,由于历史的局限,人们仅仅考虑到便捷易用,连整体的规模都没有进行预估,更何况安全这种高级的需求。但随着技术的发展,网络攻击的威胁与日俱增,这些年来人们不得不给 IPv4 打上一个又一个额外的安全补丁。而 IPv6 内置了安全通信协议,可以对传输的数据进行加密和校验,为网络稳定和信息安全提供了可靠的保障。

2012 年 6 月 6 日,国际互联网协会(Internet Society,ISOC)举行了世界 IPv6 启动纪念日,在这一天,全球 IPv6 网络正式启动。多家国际知名网站,如谷歌、Facebook 和雅虎等,于当天全球标准时间 0 时(北京时间 8:00)开始永久性支持 IPv6 访问。

目前,IPv4 依然占据着网络层协议的主要地位,而互联网的规模如此之大,使得没有哪个机构能够在同一个时间将全球的互联网设备都升级到支持 IPv6。况且,很多配套设施最初都是针对 IPv4 设计的,一旦升级到 IPv6,就必须重新设计和替换它们,这是一项旷日持久的浩大工程。因此,从 IPv4 到 IPv6 的过渡应该是一个循序渐进的过程,在利用 IPv6 的好处的同时还需要保障 IPv4 用户的网络服务(图 7.20),这也是 IPv6 能否成功的一个重要因素。

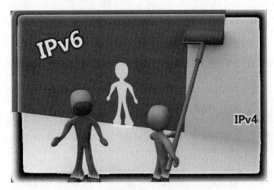

图 7.20　过渡时期 IPv4 与 IPv6 共存

### 7.3.2　打上安全的补丁

正如上文所述,由于历史的局限性,TCP/IP 刚出现的时候仅仅考虑了易用性,并没有考虑安全这种更具前瞻性的需求。时至今日,虽然 IPv6 具有更高的安全性能,但完全取代 IPv4 还是一个循序渐进的漫长过程。在这个过渡时期,如何保证信息安全呢?

其实,科学家和工程师们很早就在琢磨着怎么给 IPv4 打上信息安全的补丁。近些年,人们已经广泛采用了"TCP/IP+安全通信协议(安全补丁)"的方式提升互联网的安全性能。在这些安全协议中,最具代表性的是网络层的 IPSec 协议和介于传输层与应用层之间的 SSL 协议。

IPSec(Internet Protocol Security,网络协议安全)协议的目标是在网络层实现机密性、完整性、认证、防重放攻击[①]等安全服务。由于 IPSec 工作在网络层,对于传输层和应用程序来说是透明的,可以为运行于网络层以上的任何一种协议提供保护。加密的 IP 数据包和普通的 IP 数据包一样通过 TCP/IP 进行传输,不要求对中间网络设备进行任何更改。

如图 7.21 所示,IPSec 协议组包含 AH(Authentication Header,鉴别头)协议、ESP (Encapsulating Security Payload,封装安全负载)协议和 IKE(Internet Key Exchange,互联网密钥交换)协议。其中,AH 协议定义了认证的应用方法,提供数据源认证和完整性保证。ESP 协议定义了加密和可选认证的应用方法,提供可靠性保证。在实际进行的 IP 通信中,可以根据实际安全需求同时使用这两种协议或选择使用其中一种。而 IKE 协议用于密钥交换。

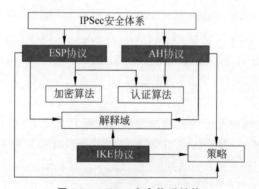

**图 7.21　IPSec 安全体系结构**

## 什么是 VPN

为了保证信息安全,除了个别专门对外的网页,单位的内部网络资源是禁止外网访问的。举个例子,同学们在学校里面(通过指定区间的 IP 地址)上网,可以浏览校园网的各种资源;一旦离开学校,使用外网 IP 地址就无法查看校园网的内容了。为了解决居家办公、学习的问题,学校往往会发布一种客户端。登录

---

① 重放攻击(replay attack)又称重播攻击、回放攻击,是指攻击者发送一个目的主机已接收过的包,以达到欺骗系统的目的,主要用于在身份认证的过程中破坏认证的正确性。

这种客户端(通过学号和口令)之后,同学们就能在校外安全、方便地获取校园网的信息资源了。

这种客户端称为 VPN(Virtual Private Network,虚拟专用网),它可以看成一条穿过公用网络的安全、稳定的隧道。其基本思想是:通过对网络数据的封包和加密传输,在一个公用网络上建立一个临时的、安全的连接,从而实现在公用网络上传输私有数据,达到私有网络的安全级别。在商业活动中,VPN 是对企业内部网的扩展,可以帮助远程用户、企业分支机构、商业伙伴及供应商同企业的内部网建立可信的安全连接,并保证数据的安全传输。实际上,目前 IPSec 最主要的应用就是构建安全的 VPN。

SSL(Secure Socket Layer,安全套接层)协议由多个子协议组成,工作在传输层之上、应用层之下,能为各种应用层协议提供透明的安全服务,保证两个应用之间通信的保密性和可靠性。

近年来 SSL 的应用领域被不断拓宽,许多在网络上传输的敏感信息(如电子商务、金融业务中的信用卡号或 PIN 码等机密信息)都纷纷采用 SSL 进行安全保护。SSL 通过加密传输确保数据的机密性,通过消息认证码保护信息的完整性,通过数字证书对发送者和接收者的身份进行认证。

SSL 最有代表性的应用就是弥补 HTTP 不足的 HTTPS。万维网中的基础协议 HTTP 存在着不小的安全缺陷,主要是其数据采用明文传送并且缺乏消息完整性检测,而这两点恰好是网络支付、网络交易等新兴应用中最需要关注的安全问题。HTTPS 在 HTTP 的基础上添加了 SSL 协议,是以安全为目标的 HTTP 通道,可以理解为 HTTP 的安全版(图 7.22)。

**图 7.22　从 HTTP 到 HTTPS**

如图 7.23 所示,大家仔细观察一下浏览器的地址栏,在输入的具体网址前面还有一个前缀。如果这个前缀是"http://",该网站的安全程度就低一些;如果这个前缀是"https://"则更加安全。目前,有一半以上的网页都已经改成以"https://"开头了。只有那些基本不承担用户功能的页面(比如只是单向传输信息),为了提高效率,使用的还是原始的 HTTP。比如,各大网站的首页都已经使用 HTTPS 了;但细分到娱乐、体育、汽车、军事这些子页面,可能用的还是 HTTP。

注意,一旦涉及用户登录界面,一定都得是以"https://"开头的才行。如果你发现需要输入用户名和口令的界面没有使用 HTTPS,那么这个网站就是非常不值得信任的。

图 7.23　使用 HTTPS 的网站特征

怎样才能看出一个网站到底用没用 HTTPS？其实，看一下地址栏的开头就行了。而且多数浏览器会在"https://"的前面显示一个醒目的锁形图标，这是通过可视化的方法告诉用户该网站比较安全。

### 7.3.3　电子商务交易的保障

与线下商务不同，参与电子商务的各方不需要面对面进行商务活动，信息流和资金流都是通过互联网传输的。而互联网是一个向全球用户开放的巨大网络，其应用环境的复杂、技术上的缺陷和用户的不良使用习惯，使得电子商务交易中存在许多安全隐患。可以说，电子商务能够普及的核心和关键就是电子交易的安全性。

前面提到的 IPSec 协议和 SSL 协议都是通用的安全通信协议，并不适合电子交易这种涉及多方的复杂的应用。于是，VISA 和 MasterCard 两大信用卡组织[①]联合起来，在应用层上开发了安全电子交易（Secure Electronic Transaction，SET）协议，成为实际应用中的标准和规范。

一般来说，SSL 协议只需要保障两方通信的安全，而 SET 协议涉及的电子商务交易参与者由 6 部分组成，可以看作 6 个角色，如图 7.24 所示。

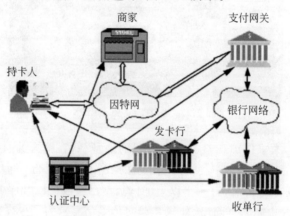

图 7.24　电子商务交易参与者

---

① 　VISA（中文名称为维萨或威士）和 MasterCard（中文名称为万事达）是两家国际信用卡发行机构，是由银行参与的组织。它们本身并不直接发卡，就像中国的银联一样。这两类卡的主要区别在于覆盖区域：前者在亚洲、澳大利亚和北美受理的商户数量更多，后者在欧洲的提款机和受理商比较多。

（1）持卡人，即网上消费者或客户。

（2）商家，即网上商店的经营者。

（3）发卡行，即发行信用卡的金融机构。

（4）收单行，对信用卡做认证处理与账款处理的金融机构。

（5）支付网关，同时连接互联网和银行专用网络的一组服务器。

（6）认证中心，参与交易各方都信任的第三方中立组织。

电子商务的支付流程比较复杂，可以按照先后次序粗略地分为五大步骤，即持卡者注册、商户注册、购买请求、支付授权和支付请款。SET 协议主要是为了解决用户、商家和银行之间通过信用卡支付的交易而设计的，以保证支付命令的机密、支付过程的完整、商户及持卡人的合法身份，以及可操作性。

SET 协议中用到的信息安全技术几乎涵盖了前面讲到的所有内容，比如对称加密技术、非对称加密技术、消息摘要、数字签名、数字信封①以及数字证书。具体通信过程如图 7.25 所示。假设公钥基础设施（Public Key Infrastructure，PKI）已经为通信双方——Alice 和 Bob 签发了数字证书。于是，Alice 和 Bob 就可以像图 7.25 中下半部分的流程那样进行会话密钥的分配了：

（1）Alice 通过查找 Bob 的数字证书获得 Bob 的公钥。

（2）Alice 用 Bob 的公钥加密会话密钥，形成数字信封。

（3）Alice 通过公用信道将数字信封传递给 Bob。

（4）Bob 收到数字信封，使用自己的私钥解密，获得会话密钥。

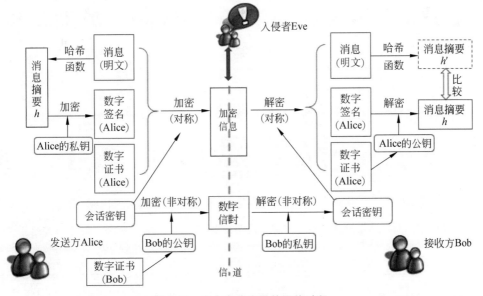

**图 7.25  安全电子交易的通信过程**

---

①  数字信封（digital envelope）是基于非对称密码技术的密钥分配，由发送方用接收方的公钥对会话密钥进行加密形成的。

在会话密钥分配的过程中,即使 Eve 入侵了公用信道,也无法解密获取会话密钥。因为会话密钥是用 Bob 的公钥加密的,所以只能使用 Bob 的私钥解密。但 Bob 的私钥只有 Bob 自己知道,别人是无从得知的。

会话密钥分配完毕后,Alice 和 Bob 可以按照图 7.25 上半部分的流程继续进行安全的通信:

(1) Alice 通过哈希函数产生消息(明文)的消息摘要 $h$。

(2) Alice 用其私钥对消息摘要 $h$ 加密,以此表示对消息(明文)的签名。

(3) Alice 将消息(明文)、数字签名和自己的数字证书一起打包加密(使用会话密钥),然后通过公用信道发送给 Bob。

(4) Bob 收到加密信息并使用会话密钥解密,得到消息(明文)、Alice 的数字签名和 Alice 的数字证书。

(5) Bob 从 Alice 的数字证书中获得 Alice 的公钥。

(6) Bob 用 Alice 的公钥验证其数字签名,并从中解密获取消息摘要 $h$。

(7) Bob 通过哈希函数自己产生消息(明文)的消息摘要 $h'$,与从数字签名中解密获得的消息摘要 $h$ 进行比较,如果相同,则说明消息(明文)未被篡改。

# 第8章

# 网络攻击的手段

善守者藏于九地之下,善攻者动于九天之上。

——孙武(中国古代军事家)

只要你留意观察,就会发现网站、电视、报纸等传媒上几乎每天都有关于网络攻击的报道。这并不是夸大事实的宣传,它们真真切切地发生在人们身边。在360公司①的监控屏幕上,各种网络攻击汇成的洪流从来不曾间断过。360公司曾经在一年的时间里发现了超过800万个木马后门,一天之内监控到超过86万次的黑客入侵,高峰时刻每小时捕获的恶意软件达到68 000个。

在过去的几十年中,任何规模化的网络攻击都可能使成千上万的信息系统面临危险,造成的潜在损失数以亿计。在物联网时代,手表、眼镜、皮带、座椅都是嵌入芯片的,汽车、冰箱、电视、热水器都是连接网络的。这些日常用品如果被攻击了,带来的威胁实际上会涉及人身安全。按照这种情况发展下去,未来的网络攻击的影响力和后果将会比现在严重得多。

图8.1描述了网络攻击的一般步骤,可以看到网络攻击从时间先后上分为准备阶段、实施阶段和善后阶段,在整个过程中不仅要确定攻击目标(只是入侵还是同时进行破坏)、收集信息(知己知彼),还要编写软件(恶意代码)、熟悉工具(黑客工具),更要胆大心细(隐藏踪迹)、规划周全(和防御者博弈)。这何止是技术的较量,更是谋略的对抗。由此,不禁让人想起了《庄子》一书中"盗亦有道"的故事。

## 盗 亦 有 道

强盗问他们的头目盗跖:"做强盗也有规矩和准则吗?"盗跖回答:"天下事物,哪里会没有规矩和准则呢?当强盗要有当强盗的学问,而且学问还大得很咧。估算某一处有多少财产,还得估算得很准确,这才叫高明——圣也;抢劫、偷窃的时候,身先士卒,一马当先——勇也;完事之后,别人先撤退,自己最后走,有危险自己担当,这是做强盗头子要具备的素质——义也;判断某处可不可以去抢,什么时候去抢比较有把握,这是决断能力的体现——智也;抢得以后,分配合

---

① 北京奇虎科技有限公司简称360公司,由周鸿祎于2005年创立。它通过免费的商业模式、产品与技术的创新颠覆了传统互联网安全概念,改变了市场格局,迅速成长为中国最大的互联网安全服务提供商。该公司旗下最主要的产品之一就是360安全卫士。

理,让属下雨露均沾且没有怨言——仁也。所以说,做大盗也要具备'圣勇义智仁'的标准,哪有你想的那么简单!"

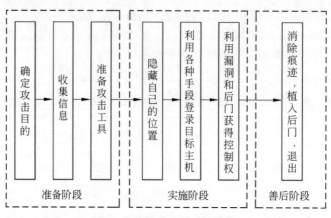

图 8.1　网络攻击的一般步骤

# 8.1　谁在攻击网络

谁是网络攻击者?我们无法列举他们的名字,正如我们不知道我们所在的城市、国家或者这个世界上所有的罪犯一样。即使我们知道谁曾经犯过罪,但我们还是不知道能否阻止他们将来可能的攻击行为。但是心理学方面的研究给我们指明了一些线索,那就是一个攻击者必须具备的 3 个条件:

(1) 机会——完成攻击的时间和入口。

(2) 方法——技巧、知识、工具和能够成功实施攻击的其他方面。

(3) 动机——想要进行攻击的原因。

缺少这 3 个条件中的任何一个,攻击都不会发生。但是,要阻止其中任何一个条件都是非常困难的。由于人类认识世界和改造世界的能力存在固有的局限,人类设计的软硬件产品是不可能不留下任何错误或漏洞的,所以整个网络系统绝不可能做到无懈可击,网络攻击者的机会一定是有的;而随着技术的飞速发展和门槛的不断降低,网络攻击的技巧、知识、工具等可以很方便地得到,普通人经过学习也可以初步掌握,这一点将在后面进行探讨。在这里,先考虑攻击者的动机,这将有助于我们了解谁更有可能攻击互联网上的主机或用户。

**1. 动机之一：挑战**

为什么有些人要做一些非常危险而又令人生畏的事情,比如攀登珠穆朗玛峰、横渡英吉利海峡或者参加一些极限运动呢?因为这些事情具有挑战性。这种情况与某些人想精通编写或使用程序没有区别。对网络攻击者而言,一个最重要的动机就是对智力的挑战。他们很偏执地想知道以下问题的答案:我能不能打破网络上的种种限制?如果我尝试一下这种方法会出现什么情况?

击败看似无懈可击的事物是一些攻击者喜欢的智力挑战。一部分 IT 领域的高手,比如死牛崇拜黑客小组(Cult of the Dead Cow)编写 Dead Cow 病毒的目的,只是想揭示安全防护的弱点,以引起其他人的重视并采取相应的措施加强安全。当然,大量的攻击者只是重复使用那些已公开的、已设计好的、已实现的方法实施攻击,这就和智力挑战的动机相去甚远了。

### 2. 动机之二:名声

对某些攻击者来说,圆满完成挑战任务就已经很满足了;而有些攻击者却希望通过攻击活动得到别人的认可。也就是说,他们之所以干这些事情,一方面有迎接挑战的动机,另一方面是为了获得声望。虽然在很多情况下,人们不知道攻击者究竟是谁,但是他们留下的“名号”如雷贯耳,比如 Kevin Mitnick、Mafiaboy 或者 Chaos Computer Club 等。攻击者虽然使用假名隐藏真实身份,但仍然因此获得了名声。他们不能太公开地炫耀这种攻击,但是在看到新闻媒体报道他们的攻击时,他们会感到异常兴奋。

### 3. 动机之三:金钱

正如在其他领域中一样,经济回报也是实施网络攻击的一个动机。一些攻击者甚至为了金钱而充当工业间谍,从选定公司的产品、客户或者长期计划中寻找有用的信息。可以说,一旦有了适当的利润,攻击者就无所顾忌,这正像马克思在《资本论》中对资本的描述一样:“如果有百分之十的利润,它就保证被到处使用;有百分之二十的利润,它就活跃起来;有百分之五十的利润,它就铤而走险;为了百分之一百的利润,它就敢践踏一切人间法律;有百分之三百的利润,它就敢犯任何罪行,甚至冒绞首的危险。”如图 8.2 所示,在金钱的驱动下,网络攻击已经形成了一条完整的产业链。

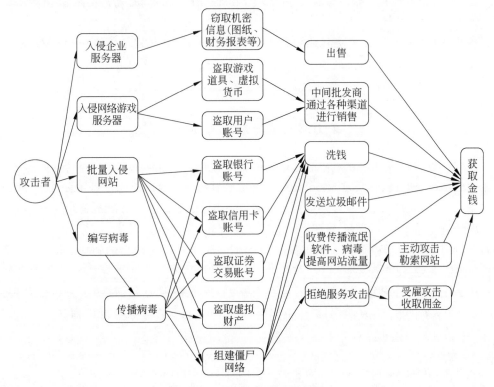

图 8.2　网络攻击的产业链

### 4. 动机之四：意识形态

有人曾经从意识形态的角度把攻击行为区分为黑客主义与计算机恐怖主义。黑客主义的定义是"使用黑客技术针对一个目标（网络）的一系列活动，其目的是干扰其正常运转，但不会造成严重破坏"。在某些情况下，黑客活动被看作对某些活动（比如抗议、示威）的声援。如果不采取这种方式，这些声音就不会被某个公司或者政府机构听到，或者不能引起足够的重视。计算机恐怖主义比黑客主义危险得多，它的定义是"一种具有潜在动机的黑客活动，其目的是造成严重的损坏，比如造成死亡或者严重的经济损失"。这种攻击很可能完全不在乎伤及无辜，为了制造恐怖气氛而突破基本的道德底线。

## 黑 客 文 化

黑客这个名词由英文 Hacker 音译而来，而 Hacker 又源于英文动词 hack（意为劈砍，引申为"干了一件不错的事情"）。Hacker 被引入 IT 领域可以追溯到 20 世纪 60 年代。加州大学伯克利分校计算机教授 Brian Harvey 在考证此词时认为，当时在麻省理工学院（MIT）中的学生通常分成两派：一派是 Tool，也就是认认真真、非常听话的学生，每门课的成绩都力争拿 A；另一派则是所谓的 Hacker，也就是常逃课，上课爱睡觉，但晚上却又精力充沛，喜欢搞课外活动的学生。

一开始的时候，Hacker 意味着追求新的技术、新的思维，充满热情地解决问题，将一切不可能变成可能。随着动机的变化，后来的很多黑客却渐渐变成破坏者，即 Cracker（有人翻译为骇客）。此外，还有一种分类方法，就是把黑客分为 3 种：白帽子（创新者），他们力求设计新系统，具有打破常规、精研技术和勇于创新的精神；灰帽子（破解者），他们致力于破解已有系统，发现已有系统的问题和漏洞，突破极限的禁制；黑帽子（入侵者），他们追求随意使用资源，进行恶意破坏，散播蠕虫、病毒，进行商业间谍活动。

# 8.2 恶 意 代 码

提到计算机病毒（computer virus），人们都会谈虎色变。它像一个幽灵，暗中滋生并快速传播蔓延，使众多信息系统受到侵袭，甚至造成整个网络的瘫痪。对于计算机病毒的繁衍能力和传播速度，卡巴斯基公司[①]全球产品与技术分析总监弗拉基米尔·赞波连斯基给出的统计结果是："1994 年，每小时检测到一个新病毒；2006 年，每分钟检测到一个新病毒；2011 年，每秒检测到一个新病毒；现在（2014 年），每天能检测到 20 万个新病毒。增长速度甚是惊人。"

从 2012 年 1 月起的一年半时间里，一个被称为"要塞"的僵尸网络[②]入侵全球范围内 500 万台个人计算机，并在美国银行、汇丰银行、富国银行等数十家金融机构肆意出入，盗

---

① 总部设在俄罗斯首都莫斯科，全名卡巴斯基实验室，是国际著名的信息安全领导厂商，创始人为俄罗斯人尤金·卡巴斯基。其主要产品卡巴斯基反病毒软件是世界上拥有最尖端技术的杀毒软件之一。

② 僵尸网络（botnet）是指采用一种或多种传播手段，使大量主机感染僵尸程序，从而在控制者和被感染主机之间形成的一个可一对多控制的网络。

窃资金超过 5 亿美元。为了侦破此案,美国联邦调查局不得不请求微软公司协助,并寻求 80 多个国家的支持。

2010 年 7 月的一天,在伊朗首都德黑兰以南 100km 的布什尔核电站,8000 台正在工作的离心机突然出现故障,计算机数据大量丢失,其中的上千台被物理性损毁。入侵者是后来被命名为"震网"的新型病毒。

严格来讲,这些广义上的计算机病毒更应该统称为恶意代码(malicious code)或者恶意软件(malicious software)。虽然它们都可以在不易察觉的情况下把代码镶嵌到另一段程序中,进行具有入侵性或破坏性的操作,从而危害目标计算机的信息安全,但是从专业角度还是能够将它们进一步区分为传统计算机病毒、蠕虫和特洛伊木马等不同类型。只有理解了这些恶意代码的区别,才能进一步搞清楚如何有效地实施防御。

## 计算机病毒的起源

计算机病毒最早出现在 20 世纪 60 年代,关于它的起源有着不同的说法。

有人认为它起源于人们的恶作剧心理。希望展示自己天分的技术人员设计开发出一种隐藏在计算机内部的程序,通过各种载体传播出去并在一定条件下激活。

也有人认为它起源于业余时间的消遣。据说,在完成任务后的工作时间,麻省理工学院的一些青年研究人员尝试着在各自的计算机上编制一段小程序,看看谁能够"吃掉"(销毁)对方的程序。这很接近今天所说的计算机病毒了,可以看作计算机病毒的雏形。

还有人认为,计算机病毒起源于人们的科幻意识。1975 年,美国科幻作家约翰·布伦纳出版了一本科幻小说——《震荡波骑士》,描述了代表正义与邪恶的双方——Worm 和 Virus 利用计算机进行斗争的故事。此后,另一位科幻作家托马斯·雷恩又出版了名为《P-1 的青春》的科幻小说,描写了一种特殊的计算机程序能够自我复制并传播到其他计算机中,最后控制了 7000 多台计算机,造成了巨大的灾难。在这本书中,作者就将该程序称为计算机病毒。

此外,还有人认为,计算机病毒是软件制造商为了保障自己的合法权益,防止和惩罚非法复制行为,在自己的软件中加入的破坏性程序。著名的巴基斯坦病毒就是为了惩罚盗版者而设计的,后经多次修改,具有极强的破坏性。

**1. 传统计算机病毒**

从生物学角度看,病毒是一种没有完整细胞结构的微生物,必须寄生在活细胞内。传统的计算机病毒也是类似的,它不能作为独立的可执行程序运行,而是寄生在宿主(其他计算机程序)之中。这些宿主可以是一个标准的软件(严格地说是可执行程序),也可以是一些数据文件,如 Word 文档。这种"隐藏性"使得计算机病毒不容易被用户察觉,一旦发现,就表明资源及数据已经被损坏。

在《中华人民共和国计算机信息系统安全保护条例》中,计算机病毒被定义为"编制或者在计算机程序中插入的破坏计算机功能或者破坏数据,影响计算机使用并且能够自我复制的一组计算机指令或者程序代码"。

计算机病毒的一个核心特征是感染性,也就是和生物病毒一样具有自我复制并快速传播的能力。这使得它不需要像常规软件一样依靠人手动复制,一旦侵入系统,就能从一个程序感染另一个程序,从一台计算机感染另一台计算机,从一个网络感染另一个网络,同时其数量是以几何级数增长的。当然,很多计算机病毒的发作是有一定条件的(比如特定的日期、特定的标识符、使用特定的文件等)。只要满足了这些特定条件,计算机病毒就会立即被激活,开始破坏活动。

计算机病毒的破坏性主要取决于设计者的目的。如果设计者打算彻底破坏系统的正常运行,那么这种恶性病毒就会毁坏系统的部分文件,甚至感染全部数据并使之无法恢复,还可能造成死机,使得系统无法启动。相对而言,良性病毒的影响就没有那么明显,一般只是降低计算机系统的运行效率,带来不必要的资源消耗。不过,有时几种原本没有多大破坏作用的良性病毒交叉感染,也会导致系统崩溃等重大恶果。

此外,计算机病毒往往都具有针对性。比如,有针对 IBM PC 及其兼容机的,有针对苹果公司的 Macintosh 的,还有针对 UNIX 操作系统的。人们一般都以为 Windows 系统防御病毒的能力不高,是因为新闻中总是报道 Windows 系统中毒,很少听说苹果计算机中毒。其实经过多年的改进,Windows 系统的病毒防御能力已经超过苹果系统(在 PC 领域)。但由于 Windows 系统占据 PC 市场的 90% 左右,所以大量 PC 病毒都是针对 Windows 系统的;而苹果计算机占有的 PC 市场份额太少,以至于编写 PC 病毒的人几乎都懒得编写针对它的病毒了。

### 2. 蠕虫

1988 年冬天,正在康奈尔大学读书的罗伯特·莫里斯把一个被称为"蠕虫"的代码上传到互联网上。它每袭击一台计算机就会获取其控制权,然后耗尽这台计算机的所有资源,并继续感染其他系统。用户目瞪口呆地看着这些不请自来的神秘入侵者迅速扩大战果,充斥计算机内存,使计算机莫名其妙地"死掉"。当晚,从美国东海岸到西海岸,互联网用户陷入一片恐慌。当加州大学伯克利分校的专家找出阻止其蔓延的办法时,短短 12 小时内,已有 6200 台采用 UNIX 操作系统的 Sun 工作站和 VAX 小型机瘫痪或半瘫痪,不计其数的数据和资料毁于一夜之间,造成一场损失近亿美元的空前大劫难!

和传统计算机病毒不同,蠕虫是一种无须计算机使用者干预即可运行的独立程序。两者的区别可以类比为生物病毒和细菌——生物病毒只能寄生在其他生物体中,而细菌都可以作为生物个体独立存活。但蠕虫又和计算机病毒有着类似的地方——在人毫无察觉之时迅速传播开来。因此,也可以把蠕虫看作广义上的计算机病毒,新闻媒体往往称之为蠕虫病毒,例如"尼姆达"(Nimda)、"震荡波"、"熊猫烧香①"及其变种。

### 3. 特洛伊木马

古希腊传说中有一个"木马屠城"的故事。特洛伊的小王子帕里斯在访问希腊时诱走了斯巴达王国的王后海伦,希腊人为此远征特洛伊。久攻不下之时,希腊将领奥德修斯献计,在巨大的木马内埋伏一批勇士,然后佯装退兵。特洛伊人以为得胜,把木马作为战利

---

① "熊猫烧香"是一种经过多次变种的恶意代码,由 25 岁的李俊编写,2007 年 1 月初肆虐网络。它主要通过下载的文件传播,被感染的用户系统中所有可执行文件的图标全部被改成熊猫举着 3 根香的模样。

品搬入城中。到了夜间,木马内的伏兵出来打开城门,希腊将士一拥而入攻下城池。所以,后世称这只大木马为特洛伊木马。

网络中的特洛伊木马并没有庞大的体积和酷似马匹的外形,它们是和正常程序捆绑在一起的精心编写的代码。如图 8.3 所示,与传说中的特洛伊木马一样,木马程序会在用户安装正常程序的时候跟着悄悄进入用户的系统,在用户毫不知情的情况下打开后门,窃取机密,甚至控制整个系统。

**图 8.3　带有伪装的后门程序——特洛伊木马**

早期的木马和传统计算机病毒最明显的区分就在感染性上。这主要是由于病毒的创造者为了炫耀天赋和创意,编制出的代码一方面可以不断自我复制,另一方面可以产生不可思议的效果(比如花屏、死机甚至是一些恶搞的画面)。与之相反,木马的创造者大多是有目的地获取各种敏感信息甚至系统的控制权限,希望最好永远不被察觉,所以要低调伪装自己,采用和正常程序捆绑在一起的方式进行传播。

在今天,木马和计算机病毒的区别正在逐渐模糊甚至消失。这是因为随着互联网的发展和信息技术的进步,木马为了入侵并控制更多的系统,进而获取更丰富的信息,也开始融合计算机病毒的编写方式。所以,现在的木马也常常被称为木马病毒。

计算机病毒、蠕虫和木马的特征对比如表 8.1 所示。

**表 8.1　计算机病毒、蠕虫和木马的特征对比**

| 对　比　项 | 计算机病毒 | 蠕　虫 | 木　马 |
|---|---|---|---|
| 存在形式 | 寄生 | 独立个体 | 有寄生性 |
| 复制机制 | 插入宿主程序中 | 自我复制 | 不自我复制 |
| 感染机制 | 宿主程序运行 | 系统漏洞 | 依据载体或功能 |
| 感染目标 | 本地文件 | 网络计算机 | 肉鸡[①]或僵尸 |
| 触发机制 | 计算机使用者 | 程序自身 | 远程控制 |
| 影响重点 | 文件系统 | 网络性能、系统性能 | 信息窃取或拒绝服务 |
| 防治措施 | 从宿主程序中删除 | 为系统打补丁 | 防止木马植入 |

---

① 肉鸡也称傀儡机,是指可以被黑客远程控制的计算机。比如,用"灰鸽子"等诱导客户点击,或者计算机被黑客攻破,或者用户的计算机有漏洞被植入了木马,黑客可以随意操纵它并利用它做任何事情。

## 流 氓 软 件

"在网上,碰到一群流氓并不可怕,可怕的是碰到流氓软件!"这句话道出了广大网络用户的心声。流氓软件是介于计算机病毒和正规软件之间,同时具备正常功能(下载文件、播放媒体等)和恶意行为(弹出广告、收集用户数据),往往在未明确提示用户或未经用户许可的情况下,在用户的计算机上安装、运行且难以卸载的软件。

流氓软件的最大用途就是散布广告,并形成了整条灰色产业链:企业为增加注册用户、提高访问量或推销产品,向网络广告公司购买广告窗口流量;网络广告公司用自己控制的广告插件程序在用户的计算机中强行弹出广告窗口;为了让广告插件神不知鬼不觉地进入用户的计算机,大多数时候广告公司通过联系热门免费共享软件的作者,以每次几分钱的价格把广告程序捆绑到免费共享软件中;用户下载安装这些免费共享软件时,广告程序也就乘虚而入了。由于大多数网络广告依据弹出次数计费,而流氓软件的优势就是在用户根本没有授权的情况下随意弹出广告,所以在利益的驱动下肆虐开来。在最为猖狂的时期,一个"装机量"大的广告插件公司单凭流氓软件就能月收入达百万元以上。

为了防止流氓软件的干扰,需要养成良好的上网习惯:不访问安全风险大的网站,不随便点击小广告;下载软件的时候尽可能去官方网站或可信度高的网站;安装软件的时候,仔细阅读安装说明,关注每个安装步骤;在计算机上安装安全防护软件,定时对系统做好诊断。

如何对抗恶意代码或者说反病毒呢?一般根据防护对象可以划分为单机反病毒和网络反病毒两类。单机反病毒可以通过安装杀毒软件实现,也可以通过专业的病毒检测工具实现。常见的杀毒软件有赛门铁克、360、瑞星、诺顿等,基本上可以满足PC的安全需要。病毒检测工具用于检测病毒、蠕虫、木马等恶意代码,有些病毒检测工具同时提供修复的功能。网络反病毒则指在安全网关上进行反病毒策略部署,这部分内容会在第9章进行介绍。

# 8.3　黑 客 技 术

黑客技术的范围非常广泛,涉及网络协议解析、源码安全性分析、密码强度分析和社会工程学等多个不同的方面。可以说,在信息技术发展的早期(20世纪),黑客需要具有过硬的理论基础和深厚的编程功底,入侵一个目标系统不是那么简单的事情。

如图8.4所示,经过这些年的不断发展,黑客已经不局限于传统的攻击方式了,而是和病毒技术进行了融合。加上知识的广泛共享以及工具的日益成熟,黑客攻击的行为愈演愈烈,给信息系统的安全性提出了新的挑战。

### 1. 扫描

网络攻击者可能会采取不同的攻击手段,但在采取攻击行动之前一般都会做好充分的调查和计划(图8.1),攻击者往往先通过网络查找相关目标尽可能多的资料,做到知己知彼、有的放矢。这里用到的技术手段就是扫描,即通过固定格式的询问试探主机的某些

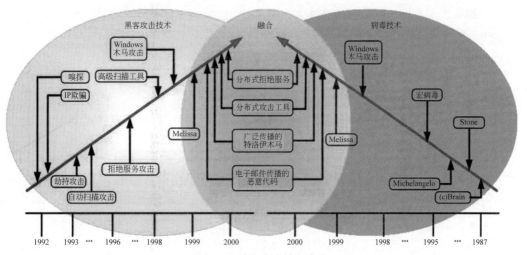

图 8.4　网络攻击的复杂化

特征，相应的工具就是扫描器。扫描主要分为端口扫描和漏洞扫描两类。

如果把网络中的每一台计算机比喻成一座城堡，那么计算机的端口就类似这些城堡的城门。就像城堡通过不同的城门进出不同的人流、物流（比如，在旧日的北京，煤主要从阜成门进入城内，饮用水主要从西直门进入城内），计算机正是通过不同的端口开放各种服务和输入输出不同的数据。如果想攻打一个城堡，拉开阵式、强行攻击往往是效果最差的方法。一般都是先派人观察有多少城门、水道等出入口，摸清楚开关规律，趁其不备，从出入口一拥而入。再不济，也要像"木马屠城"一样，派间谍潜入城内，找准机会打开城门，里应外合。网络攻击者正是学习了军队攻打城堡的方法，先侦察，再寻找机会。他们进行端口扫描主要就是为了探测目标计算机开放了哪些端口、提供了哪些服务，这样一来，后面的攻击才能省时省力、效果更好。

由于技术人员自身的各种局限性，软件系统在开发过程中不可避免地会留下很多缺陷（bug）。虽然软件测试越来越受到重视，但是无论从理论上还是在工程实践中，都没有人敢声称能够彻底消灭软件中的所有缺陷。在各种各样的缺陷中，有一部分会引起非常严重的后果，人们称之为漏洞。就好比城堡的城墙非常坚固，城门等出入口也守卫森严，但是有一个无人看管的暗道可以从城外进入城内。一旦攻城一方利用了这个暗道，城堡的所有防守都会形同虚设。漏洞扫描正是通过专门的工具寻找系统的漏洞，然后利用找到的漏洞进行下一步的攻击。所以，防范漏洞的最好办法是及时为操作系统和各种应用服务打补丁[①]。

## "千年虫"

"千年虫"又叫"千年危机"或"计算机 2000 年问题"，缩写为 Y2K。"千年虫"问题的根源始于 20 世纪 60 年代。当时计算机存储器的成本很高，如果用 4 位数字表示年份，就要多占用存储器空间，进而增加成本，所以技术人员采用两

---

① 打补丁指的是软件公司对已发现的漏洞所作的修复行为。

位数字表示年份。随着科学技术的发展,后来存储器的价格迅速降低,但在计算机系统中使用两位数字表示年份的做法却由于思维的惯性而被沿袭下来。所以,从本质上讲,"千年虫"是一个严重的漏洞,而非病毒。

直到 21 世纪即将来临之际,计算机领域的专家们突然意识到用两位数字表示年份将无法正确辨识公元 2000 年及其以后的年份,这个漏洞将会造成极为可怕的灾难。例如,某人于 1982 年在银行里存了一笔钱,到 2000 年取款的时候,结息应该按照 2000 减去 1982 来计算。但是由于年份只保存后两位数字,就成了 00 减去 82,即 1900 减去 1982,结果显然是错误的。医疗、工业、交通、军事等重要领域的计算机都会出现类似问题,进而引发各种各样的系统功能紊乱甚至崩溃。于是自 1997 年起,信息界开始敲响了"千年虫"警钟,并很快引起了全球关注。随着信息系统软硬件的及时升级和批量更换,人们成功地解决了"千年虫"问题,顺利地渡过了 2000 年。

**2. 欺骗**

在 7.2.3 节讲过,上网的本质是通过 IP 地址访问某个站点并获取网络服务。由于人类并不擅长记住一长串的数字,就出现了便于记忆和使用的域名。域名服务可以帮助人们进行域名和 IP 地址的自动转换(也称为解析),而提供域名服务的程序和计算机就是域名服务器。

在生活中,就有犯罪分子采用伪造电话"大黄页"的方式牟利(网上假的电话查询服务也是这个思路)。如果你不慎中招,想咨询某个银行的储蓄业务,却打给一个诈骗团伙,这就麻烦了。同理,如果攻击者入侵了域名服务器,就可以随意改动域名和 IP 地址的映射表。此时,某个用户再想通过输入域名获得网络服务时,域名服务器就无法将域名转换为真实的 IP 地址了,而是解析为攻击者指定的 IP 地址。于是,DNS 欺骗(DNS spoofing)就发生了。

钓鱼网站也是一种比较常见的欺骗攻击,它一般通过电子邮件(或者弹出页面)传播。此类邮件包含一个经过伪装的链接,将收件人引诱到一个经过精心设计的与目标银行、电商网站非常相似的页面上,并要求访问者提交账号和密码(口令),进而获取其在目标网站上登记的所有个人敏感信息(图 8.5)。通常这个攻击过程不会让受害者察觉,而这些个人信息使得钓鱼网站的拥有者可以假冒受害者进行欺诈性金融交易,从而获得经济利益。

图 8.5 钓鱼网站的欺骗攻击

## 社会工程学攻击

在信息安全技术不断发展的今天,各种安全防护设备与措施使得信息系统本身的漏洞大幅减少,于是更多的攻击者转向利用人的弱点进行社会工程学攻击。这种网络攻击行为主要针对受害者的本能反应、好奇心、信任、贪婪等心理弱点,采用诸如欺诈、威胁等危害手段,获取非法利益。

凯文·米特尼克[①]撰写《反欺骗的艺术》堪称社会工程学的经典。书中详细描述了许多运用社会工程学入侵网络的方法,比如伪装的钓鱼网站、冒充权威机构散布恐吓消息、引诱人们打开邮件附件和网页链接,还有通过说服和恭维套取用户敏感信息……社会工程学攻击的实施者需要掌握心理学、社会学、数据分析等相关知识和技能,为达到预期目的综合运用多种不同的手段。

社会工程学攻击的核心目标就是信息,尤其是个人信息。所以每个人都需要注意个人隐私的保护:注册各个网站和 APP 时,一定要查看这些商家是否提供了安全措施,谨慎提供个人真实信息;长期不用的金融账户和网络用户一定要记得注销;口令设置合乎规范并定期更换;收到快递和邮包之后,要及时销毁包装上面的联系方式与收件地址。

### 3. 拒绝服务攻击

拒绝服务(Denial of Service,DoS)攻击指攻击者利用系统的缺陷,通过执行一些恶意操作而使合法的系统用户不能及时得到服务或者系统资源,如 CPU 处理时间、存储器、网络带宽、Web 服务等。可以说,拒绝服务攻击本身并不能使攻击者获取什么资源,如系统的控制权、机密消息等,它只是以破坏服务为目的。

拒绝服务攻击造成的危害是一种直接粗暴的服务中断。比如,以极大的通信量冲击网络,使得可用的网络资源被消耗殆尽,合法的用户请求无法得到响应;向目的服务器传输大量数据包,造成服务器无法正常连接;制造大量的垃圾信息,比如垃圾邮件、大量日志信息、大量复制文件,以消耗用户主机的磁盘空间……

单一的拒绝服务攻击一般采用一对一方式,当攻击目标的硬件配置较低或网络性能指标不高时,攻击效果是明显的。随着计算机与网络技术的发展,计算机的处理能力迅速提升,同时也出现了千兆级网络,这使得拒绝服务攻击的难度加大了。比如,拒绝服务攻击软件每秒可以发送 3000 多个攻击数据包,但被攻击的主机和网络带宽每秒能够处理上万个数据包,这样的攻击就不会产生明显的效果了。

"道高一尺,魔高一丈",于是分布式拒绝服务(Distributed Denial of Service,DDoS)就产生了。假设计算机与网络的性能提升了 10 倍,导致单机发动的拒绝服务攻击没有什么效果,那么攻击者可以考虑使用上百台、上千台甚至上万台计算机同时攻击目标计算机或网络。如图 8.6 所示,攻击者先通过恶意代码远程操控一些计算机,称之为控制傀儡

---

① 凯文·米特尼克是第一个被美国联邦调查局通缉的黑客,有评论称其为"世界头号黑客"。他现在的职业是网络安全咨询师。附录 E 中介绍了他的传奇经历。

机①,然后通过这些控制傀儡机感染更多的攻击傀儡机,进而命令成千上万的攻击傀儡机发动网络攻击。

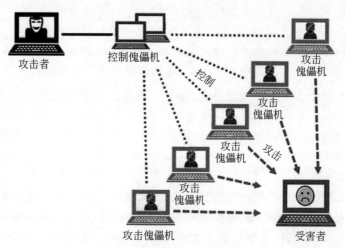

图8.6　分布式拒绝服务攻击

2007年,波罗的海沿岸的爱沙尼亚就因为一次分布式拒绝服务攻击受到了全世界的关注。当时,这个从苏联独立出来的国家试图将首都中心广场上的一尊"青铜战士"塑像移走。对此持有反对意见的黑客操纵全球超过100万台计算机同时登录政府网站,使得所有可用网络资源都被消耗殆尽,整个国家的公共生活全面瘫痪,所有政府机关、公司、个人都失去了及时获取信息的渠道,生产、教育、军事、医疗等活动都无法有效地组织。

---

① 傀儡机又称僵尸主机,是指感染了恶意代码而被黑客程序控制的计算机设备。它可以随时按照黑客的命令与控制指令展开拒绝服务攻击或发送垃圾信息。

# 第9章

# 防御系统的策略

尽可能去提升人类应对复杂、紧急问题的综合能力。

——道格拉斯·恩格尔巴特(美国发明家)

与外界隔离的单机用户或者仅有几个成员的独立办公室一般不可能成为攻击者的目标。一旦通过网络将这些计算机连接起来,那么它们所面临的威胁就会极大地增加。这是因为网络带来了环境的巨大变化:

- **匿名性**——攻击者无须与被攻击目标进行直接接触,可以利用其他主机实施攻击,从而隐藏攻击的源头。
- **攻击点多**——攻击者可以同时攻击多个目标,也可以在多个地点发动攻击。
- **复杂性**——网络上有很多不同的设备和操作系统,而且允许结点之间共享资源和分担负载,这就会产生难以想象的技术漏洞和管理混乱。
- **未知边界**——网络的边界是不确定的,一台主机可能同时接入了多个不同的网络,导致一个网络中的资源也可以被另一个网络中的用户访问。
- **未知路径**——从一台主机到另一台主机可能存在多条路径[①],消息的传递可能经过采取安全措施的结点,也可能经过存在安全隐患的结点。

可见,保障网络安全是一个系统工程,仅仅依靠一种或几种安全技术是无法完成的。一个高可靠性的网络安全防御系统在管理上要具备完善的制度,在技术上则应该是各种安全技术的合理组合,包括防病毒系统、入侵检测/防御系统、防火墙系统等。其中,最为广大用户熟知的是 PC 上网必备的杀毒软件和防火墙软件,比如 360、金山、赛门铁克、诺顿、天网、瑞星以及 Windows 系统自带的防火墙。

## 9.1 防火墙系统

在建筑学领域里,防火墙用来阻止火势从建筑物的一部分蔓延到另一部分。如图 9.1 所示,网络中的防火墙位于两个(或多个)网络之间,防止外部网络的损失波及内部网络。也就是说,人们认为内部网络是可信的网络,而外部网络是不可信的网络。于是就在内部网络的边界处修建一堵"墙",在唯一的入口处装上"城门",设置了安全哨所,进入内部网络的所有数据都要先接受安全检查。

---

① 详细内容见第 7 章图 7.11 所示。

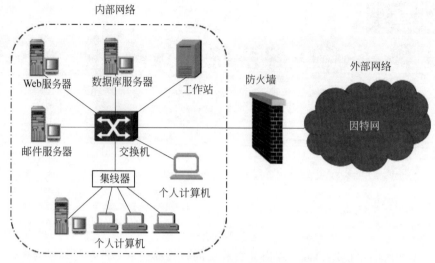

图 9.1    防火墙的位置

## 9.1.1    防火墙的工作策略

从广义上讲,防火墙是内部网络和外部网络之间的一个缓冲,可以是一台有访问控制策略的路由器或一台有多个网络接口的计算机,也可以是安装在某台特定计算机上的软件。因为通常牵扯到不止一种技术和不止一台设备,所以防火墙应该理解为一个软硬件结合的系统或者一整套解决方案。从原理上看,防火墙系统一般要满足下面 3 个条件:

(1) 内部和外部之间的所有网络数据流必须经过防火墙。

(2) 只有符合安全政策的数据流才能通过防火墙。

(3) 防火墙自身能抵抗攻击。

对于防火墙的工作策略(应该怎样工作),尤其是其默认行为,用户、开发者和安全专家存在着明显的意见分歧。对此,可以归结为两种学术思想:一种是"Yes 规则",即一切未被禁止的就是被允许的,也就是默认允许;而另一种则是"No 规则",即一切未被允许的就是被禁止的,也就是默认拒绝。

"Yes 规则"要确定那些被认为是不安全的服务,禁止其访问;其他服务则被认为是安全的,允许访问。这就好比大家都要出入城门,而安全哨所的士兵手里有一个列出所有坏人的黑名单。只要黑名单里面有的,一律不允许通过,其余人全部放行。当然,新出现的坏人很可能不在黑名单上(陈旧的数据),这样他们就蒙混过关了,但是这也避免了误拦好人。

"No 规则"恰恰相反,它要确定所有可以被提供的服务以及它们的安全性,然后开放这些服务,并将所有其他服务排除在外,禁止访问。也就是说,安全哨所的士兵手里有一个列出所有好人的白名单。只要白名单里面有的就放行,其余人一律不允许通过。当然,新来的好人很可能不在白名单上,这样他们就被误拦了[①],但是也避免了坏人蒙混过关。

---

① 白名单是针对网络服务的以往表现设置的(黑名单也是这样)。从这个角度看,可以说白名单和黑名单上的数据总是过时的。

这两种策略各有优劣,几乎是互补的。为了使用新的服务时更方便,用户们通常喜欢前者,采用这种策略的产品有瑞星个人防火墙、360安全卫士。而为了获得更高的安全性能,经验丰富的专家更推荐后者,采用这种策略的产品有 Windows 系统自带的防火墙。如图 9.2 所示,启用 Window 防火墙需要先设置好白名单,如果用户安装新的软件时忘记将其列入白名单,那么这个软件将无法获得网络服务。虽然这种策略安全性更强,但是普通用户嫌麻烦或者不知道哪些程序合法,一般会关闭 Window 防火墙而改用 360 安全卫士等采用"Yes 规则"的防火墙。可见,方便和安全有时候就是这样一对"冤家",此消彼长,不可得兼。

图 9.2　Windows 防火墙的白名单设置

## 9.1.2　防火墙的实现技术

如图 9.3 所示,防火墙的实现技术可以分为数据包过滤和代理服务两类。按照时间顺序,这两类技术都先后经历了初始版到升级版的进化,所以防火墙的实现技术经历了 4 代:简单包过滤、代理服务、动态包过滤和自适应代理。

提到数据包过滤,就要先回顾一下在 7.1.3 节介绍过的数据包的概念。如图 9.4 所示,计算机每次要发送的信息称为一个报文,报文又被划分为一个个更小的基本单元——数据包。每个数据包前面都要加上包头(也称首部),包头中存放了一些必要控制信息,例如,这个数据包是从哪里发送过来的(源地址)、要到哪里去(目的地址)、属于哪个报文的

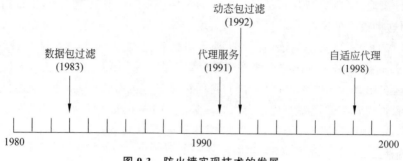

图 9.3　防火墙实现技术的发展

第几部分……接收端的计算机陆续获取了这些数据包之后,可以按照其包头中的控制信息把数据包中的数据段按照原先的次序拼接起来,重组为报文。

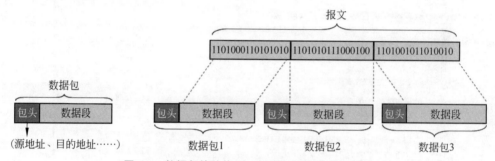

图 9.4　数据包的结构(左)与恢复报文的原理(右)

　　可见,数据包是网络上的信息流动单位,所谓路由就是指通过相互连接的网络把信息从源地址移动到目的地址的活动。一般来说,在路由过程中,信息至少会经过一个或多个中间结点。如图 9.5 所示,如果 H₁ 要发送信息给 H₄,就需要通过 A、B、D 或者通过 A、C、D,当然也可以通过 A、B、C、D 或 A、C、B、D。图 9.5 中的 A、B、C、D 这些结点就是互联网的枢纽——路由器。

　　假设 H₁ 是一个新闻网站,H₂ 是一个网络游戏服务器,H₃ 是一个在线视频服务器,H₄ 是 Alice 的 PC。目前,大多数操作系统都支持多个程序并行运行,所以 Alice 完全可以在 PC 上同时浏览网页、玩网络游戏、看网络视频。那么,就很可能存在如下场景:H₁、H₂ 和 H₃ 都在向 Alice 提供服务,也就是说 3 台服务器同时向 H₄ 发送数据包。目的主机 H₄ 如何妥当处理接收到的数据包呢? 或者说,它如何知道哪些数据包是网页的,哪些是游戏的,哪些是视频的呢?

　　为了解决这个问题,就引入了端口①机制。如表 9.1 所示,一个 IP 地址的端口可以有65 536 个之多,端口的编号为整数,范围为 0～65535。当目的主机接收到数据包之后,将根据包头信息中的端口号把数据包分配给相应的端口(例如 21 号端口),而与此端口相对应的那个程序(例如 FTP 客户端程序)将会领取这个数据包并与已经得到的数据包进行拼接。

---

　　① 在网络技术中,端口(port)可以粗分为两类:一类是集线器、交换机、路由器的端口(连接其他网络设备的接口),是物理意义上的端口;另一类就是这里提到的 TCP/IP 中的端口,是逻辑意义上的端口。

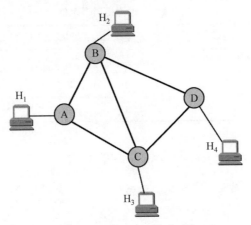

图 9.5　数据包传输过程示例

可以把主机的 IP 地址类比为集体宿舍的楼号,那么端口号就如同房间号。向学校邮寄包裹的时候,不仅要说明这包东西是寄给哪个楼(IP 地址)的,还要标注具体是哪个房间(端口)的。这样一来,住在同一个楼的同学们接收到的包裹就不会混淆了。

表 9.1　常见网络服务的端口号

| 服 务 名 称 | 端 口 号 | 说　　明 |
| --- | --- | --- |
| FTP | 21 | 文件传输服务 |
| Telnet | 23 | 远程登录服务 |
| HTTP | 80 | 网页浏览服务 |
| POP3 | 110 | 邮件服务 |
| SMTP | 25 | 简单邮件传输服务 |
| Socks | 1080 | 代理服务 |

数据包过滤的思想是:在网络的适当位置,根据系统设置的过滤规则对数据包实施过滤,只允许满足过滤规则的数据包通过并被转发到目的地,而其他不满足规则的数据包被丢弃。最早出现、形式最简单的数据包过滤技术就是静态包过滤,通常在路由器上设置防火墙并定义一个包过滤规则表,如表 9.2 所示。表中的过滤规则都是针对数据包的包头信息制定的,作为示例的 3 个规则含义如下:

(1) IP 地址为 10.1.1.1 的主机的任意端口访问任意主机的任意端口,且基于 TCP 的数据包,都允许通过。

(2) 任意主机的 20 端口访问 IP 地址为 10.1.1.1 的主机的任意端口,且基于 TCP 的数据包,都允许通过。

(3) 任意主机的 20 端口访问 IP 地址为 10.1.1.1 的主机小于 1024 的端口,且基于 TCP 的数据包,禁止通过(当与前两个规则作为系列规则时,由于和前两个规则产生矛盾,导致该规则无效)。

表 9.2　包过滤规则表示例

| 序号 | 操作 | 源 IP 地址 | 目的 IP 地址 | 源端口 | 目的端口 | 协议类型 |
|---|---|---|---|---|---|---|
| 1 | 允许 | 10.1.1.1 | * | * | * | TCP |
| 2 | 允许 | * | 10.1.1.1 | 20 | * | TCP |
| 3 | 禁止 | * | 10.1.1.1 | 20 | ＜1024 | TCP |

## 深度包检测的利弊

无论是静态包过滤还是升级版的动态包过滤,都是针对数据包的包头信息。这就类似各个快递站点检查包裹的策略,只是看看发件人(源地址)、收件人(目的地址)等表面信息,速度很快,也能排查出一些威胁。比如,看到某个发件人或收件人在黑名单里(有犯罪前科),那么这次邮递活动也不可信任,就可以按照规则采取措施(丢弃或报警)。但这显然发现不了新的犯罪活动,也无法防范匿名转发的行为。

最为直接有效的方式就是打开包裹,仔细查看里面有无危险物品。对于防火墙来说就是深度包检测技术——在应用层根据数据包的内容检测和拒绝网络攻击。然而,深度包检测在实际应用中的缺点极为明显:首先,对数据包内容的检测会增加通信设备的负担,极易造成严重的网络延迟;其次,这需要人工智能方面的突破,有着技术上的瓶颈;最后,更为棘手的就是法律上的争议,毕竟这和偷拆用户邮件一样,很可能面临侵犯个人隐私的起诉。

在一些警匪片中,我们经常看到这样的场景:有人想联系犯罪分子获取违禁物品,但是怕被警察抓住(风险很大),于是找个代理人去交易。一旦警察在交易现场出现,代理人就主动承担所有罪名。当然,那个供货的犯罪分子也害怕被抓,他也可以雇用一个代理人。这样一来,真正的交易双方都躲在幕后,让代理人出面承担风险。

如图 9.6 所示,网络通信中的客户机和服务器也可以模仿警匪片中的交易双方,进行风险规避。一旦受到网络攻击,首当其冲的就是客户端代理和服务器端代理,这就是代理防火墙的思想。

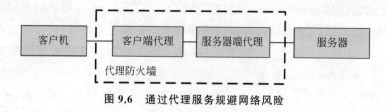

图 9.6　通过代理服务规避网络风险

7.3.1 节讲过,当 IP 地址不够用的时候,可以通过代理服务访问外部网络,起到多个主机共用一个 IP 地址的效果。如图 9.7 所示,代理服务器位于内部网络和外部网络之间,处理其间的通信,以代替内外网络间的直接通信。在这里,还可以在代理服务器上布置专门的防火墙程序,根据安全策略处理用户对网络服务的请求。当然,无论是间接通信还是执行安全策略,对用户来说都是透明的。

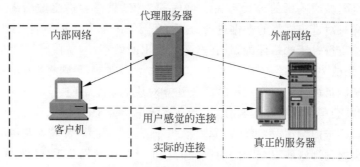

图 9.7　代理服务器的工作原理

## "以彼之道,还施彼身"

为了净化网络环境,各职能部门会制定规则,屏蔽一些不符合我国法律政策的网站。最简单、高效的方式就是通过防火墙软件检查数据包的包头信息,一旦发现数据包的目的地址或源地址为规则禁止的服务器,就进行屏蔽操作(切断连接、丢弃数据包),如图 9.8 的左图所示。

为了绕开防火墙的屏蔽,人们又提出了"翻墙"技术,如图 9.8 的右图所示。一些公司或个人在外部网络(防火墙之外)搭建一个代理服务器,当然这个代理服务器不在防火墙的黑名单里。当内部网络用户连接到外部网络这个代理服务器时,它可以把用户的服务请求转送给被屏蔽的网站,然后获取它们的数据(网页或影音),重新打包(将包头信息替换为代理服务器的地址)发送给内部网络用户。由于一来一回的包头信息中没有出现被屏蔽网站的 IP 地址,所以就被防火墙放过了。

"翻墙"本身也是利用了代理服务技术。可以说,代理服务既可以用来构建防火墙,也可以帮助用户绕开防火墙,真是很像金庸武侠小说中描写的一门功夫——"以彼之道,还施彼身"。

图 9.8　防火墙屏蔽(左)和"翻墙"技术(右)

## 9.2　入侵检测系统

有了防火墙,连接网络的设备是不是就可以高枕无忧了呢? 答案是否定的,因为防火墙不能防备全部的网络威胁。可以通过类比城门处设有哨所的古代城墙来了解防火墙的局限性。一方面,城门哨所的士兵不关心城内的治安,只是对进出城门的人或物进行查验,防火墙同样只对进出网络的数据进行分析,对网络内部发生的事件无能为力;另一方面,哨所如果检查得过于严格仔细,就必然降低进出的效率,容易在城门处发生堵塞,防火墙也是处于网络的关口位置,不可能对进出攻击作太多判断,否则将影响网络性能。

所以,对于城市内部的安全威胁就需要建立对应的安全部门(比如公安系统等),它们对公共秩序和社会舆情进行监测与分析,判断有无危险分子的破坏、内部矛盾的激化或者其他不安定因素,未雨绸缪,尽可能将危险消弭于无形。当然,普通人只要不牵扯到违法的事情,是不会察觉到这些安全部门的存在的。也就是说它们几乎是"透明"的,它们的监测行为也不会影响人们正常的生产生活。

就像对内设立的安全部门与对外设立的驻防部队(古代的城门哨所)可以相互配合以保障城市安全一样,入侵检测系统(Intrusion Detection System,IDS)是对防火墙的必要补充,两者构成了比较完整的网络安全解决方案。如图9.9所示,入侵检测系统的本质是通过对网络中的一些关键点不间断地收集网络数据并进行分析,从而监控网络中是否有违反安全策略的行为或者被攻击的迹象。它的识别和响应过程对网络的效率和性能没有什么影响。

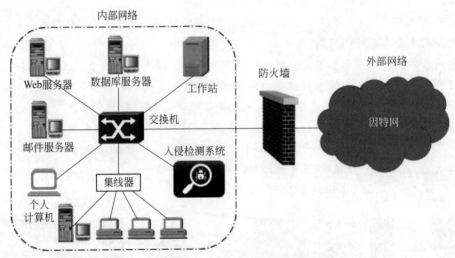

**图 9.9　入侵检测系统的位置**

9.1节提到,防火墙的工作策略主要分为两类:一类是"Yes规则",即一切未被禁止的就是被允许的,也就是默认允许;另一类是"No规则",即一切未被允许的就是被禁止的,也就是默认拒绝。同样,入侵检测的工作策略也分为两类:

(1)误用检测,也被称为滥用检测或基于特征的检测。其思路是:建立一个已知攻击的规则库(黑名单),对照着规则库发现入侵。

(2)异常检测。其思路是:建立一个用户或系统的正常行为模式的数据库(白名单),不在数据库中的行为都被识别为入侵。

如果系统将正常活动误判为入侵,称为误报;反之,如果系统没能检测出真正的入侵行为,则称为漏报。误报率和漏报率是衡量入侵检测系统很重要的两个指标。显然,误用检测的误报率低,漏报率高;而异常检测的误报率高,漏报率低。

## 安全政策的"松"与"紧"

入侵检测与防火墙的工作策略(应该怎样工作)都可以归结为两种思路——"Yes 规则"和"No 规则"。前一种思路相对宽松,执行起来比较方便,但存在漏报威胁的隐患;后一种思路相对严格,执行起来比较麻烦,但更为安全。不过,方便与安全就是这样一对"冤家",常常此消彼长、不可得兼。需要面对不同的情况采取不同的策略,把握好分寸,因事因地制宜。

在和平发展的高速增长时期,宽松一些的政策可能更有利于提高生产力,释放消费热情;但在战争状态或者疫情暴发的非常时期,严格一些的政策才能控制住境况的恶化,尽快让生产生活步入正轨。事实证明,在 2020 年以来的这次抗击新冠病毒的战斗中,西方国家习惯了自由散漫、过于宽松的政策,导致人人各自为战,社会秩序濒于崩溃;而中国自古以来就有政府管理严格、民众自律性较强的特点,加上集体利益高于个人利益的文化认同,使得防疫措施及时到位,效果非常明显。争辩没有尽头,还是那句话——"实践是检验真理的唯一标准。"

# 9.3　网络诱骗技术

防火墙和入侵检测都是等待攻击者出手之后,才能对破坏行为进行识别并采取措施。从本质上讲,它们都是被动的、守株待兔式的防御。这就让攻击者处于非常有利的地位——可以主动选择攻击目标,可以随时随地出手,没有什么风险,就算被识别出来,攻击者本身也不会受到威胁和打击。

所以,我们需要更加主动的防御技术,力求先发制人。如表 9.3 所示,最好让攻击者提前"现形",在锁定攻击者的同时留下起诉证据,将其犯罪行为扼制于未萌。这类技术就是网络诱骗,顾名思义,就是对恶意攻击者进行诱骗。其技术的核心是运行在互联网上的充满诱惑力的计算机系统,它可以引诱众多攻击者自投罗网。

表 9.3　被动防御与主动防御的对比

| 对比项 | 被动防御 | 主动防御 |
|---|---|---|
| 主动性 | 守株待兔,被动防守 | 主动跟踪攻击者 |
| 攻防方式 | 攻击者主动选择攻击目标,可随意攻击 | 事先掌握攻击者的行为,进行跟踪,有效制止攻击者的破坏行为 |
| 对攻击者的威慑 | 对攻击者不构成威胁 | 能针对攻击者实施以下反制措施:<br>• 诱惑黑客攻击虚假网络而忽视真正的网络;<br>• 加重黑客工作量,消耗其资源,让防御者有足够时间响应;<br>• 收集黑客信息,判断其意图,以便系统进行安全防护和检测;<br>• 为起诉收集证据 |

　　蜜罐主机是一种专门引诱网络攻击的资源，也是网络中可以选择的一种安全措施。它通过模拟一个含有安全漏洞的主机，给攻击者提供一个容易攻击的目标，从而使攻击者减少对网络内其他正常设备的攻击行为。由于蜜罐主机不向外界提供真正有价值的服务，所以任何与蜜罐主机的连接尝试都被视为可疑的活动。通过收集和分析这些连接，能够为网络管理员和安全专家提供很多关于攻击者的信息。

　　如图 9.10 所示，布置于防火墙之外的蜜罐主机主要用于吸引和收集与外部攻击者相关的信息。它对于网络上同时配备的其他安全措施，如防火墙、入侵检测系统等不会产生影响。若它沦陷了，也不会波及内部网络中的设备。当然，构建实用的蜜罐主机并非易事，必须解决伪装逼真、适度控制、信息采集记录三大难题，这样才不易被经验老到的黑客识破并完成相应的任务。

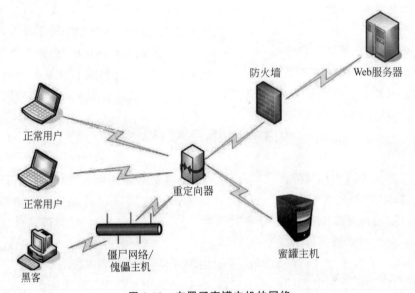

**图 9.10　布置了蜜罐主机的网络**

　　蜜罐主机会通过模拟某些常见的服务和常见的漏洞吸引攻击。不过，一台主机单兵作战能力毕竟有限，为了更加逼真和更具诱惑力，蜜罐进一步发展为蜜网，也称陷阱网络技术。它包含防火墙与多个蜜罐主机以记录和限制网络通信，通常还会与入侵检测系统紧密联系，以发现潜在的攻击。

　　如图 9.11 所示，蜜网隐藏在防火墙的后面，可以使用各种不同的操作系统与设备，运行众多不同的服务。由于这些设备都是标准规格的计算机，在其上运行的程序也都是正常、完整的，所以看上去更加真实可信，攻击者几乎无法辨别出来。

　　另外，通过在蜜罐主机之前设置防火墙，所有进出网络的数据都被监视和控制，加上入侵检测系统的加持，极大地降低了蜜罐主机带来的额外风险。而且所有蜜罐主机的审计可以通过集中方式实现，除了便于对相关数据进行分析，还能确保这些数据的安全。

　　蜜网的建设和维护极为复杂，投入巨大。需要对其中的各种安全策略和相关技术进行优化配置，才能够发挥它的最大效用。同时，我们应当清醒地认识到，蜜网并不能解决所有的安全问题。

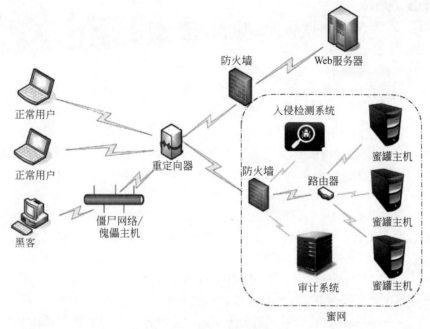

**图 9.11　布置了蜜网的网络**

正如 8.3 节所述,经过这些年的不断发展,黑客攻击技术已经和病毒技术充分融合了。这就促使传统的防火墙软件和杀毒软件相互借鉴,进而整合为"安全卫士"型防御工具。不过,面对特殊的攻击手段,可能还需要一些专门的防御工具作为补充,比如"××木马专杀"之类的工具。总体说来,网络防御往往涉及多个软硬件结合的系统或者一整套解决方案。当然,这套系统或方案可以设计得非常简单,也可以设计得异常复杂。尺度如何把握,还得看其保护的网络资源价值如何。

还记得信息安全的适度保护原则吗?为什么你的手机经常"裸奔"?为什么你的个人计算机上懒得装杀毒软件和防火墙?主要还是因为这些设备中的数据价值不高,你觉得没那个必要。而知名企业和国家单位都要专门定制整套的防御系统,不仅包含价值不菲的软硬件,还要配备专业的技术团队进行系统布置和维护。毕竟它们的内部网络价值非常高,投入巨大的人力物力保障信息安全是值得的。

好消息是,现在的银行、公司、政府部门以及互联网服务提供商都采取了比较严格的安全措施,并且持续跟踪新的攻击类型和防御机制,以便维护网络安全。坏消息是,威胁无法根除,而且往往呈现出"道高一尺,魔高一丈"的态势,所以我们时刻不能掉以轻心,网络攻防是一场没有尽头的战争。

# 附录 A

# 信息安全的虚拟人物

1978 年 2 月，顶级期刊《ACM 通信》(*Communications of the ACM*)上公开发表了一篇论文《一种实现数字签名和公钥密码系统的方法》(*A Method of Obtaining Digital Signatures and Public-Key Cryptosystems*)。该文的第 3 页就出现了这么一句："我们假设一个场景，Alice 和 Bob 是公钥密码系统中的两个用户……"这篇文章此后所有的技术细节里，Alice 和 Bob 都是主角。这是信息安全领域里 Alice 和 Bob 的首次出现。这种论文风格很另类，看上去好像在讲故事。

此后，相关技术人员陆续开始使用 Alice 和 Bob 这两个生动的名字代替传统的用户 A 和用户 B。密码学家施奈尔尤为推崇这种描述方法，并在 1996 年编著的《应用密码学》(*Applied Cryptography*)中引入了新的虚拟人物。他在该书第 2 章的最开始给出了一个所谓的"剧中人物表"(Dramatis Personae)，给讲述密码算法过程中出场的各个人物角色都起了一个特定的名字，如表 A.1 所示。其他密码学家对这个"剧中人物表"又进行了扩展，使这些"剧中人物"成为信息安全主题讨论中的通用虚拟人物。

表 A.1　施奈尔的"剧中人物表"

| 英文名 | 中文名 | 角色意义 |
| --- | --- | --- |
| Alice | 爱丽丝 | 通信过程中的第一位参与者 |
| Bob | 鲍勃 | 通信过程中的第二位参与者 |
| Carol | 卡罗尔 | 通信过程中的第三位参与者 |
| Dave | 戴夫 | 通信过程中的第四位参与者 |
| Eve | 伊芙 | 窃听者(eavesdropper)，一般只截取信息，并不篡改信息 |
| Isaac | 艾萨克 | 互联网服务提供方(Internet service provider) |
| Justin | 贾斯汀 | 司法(justice)机关 |
| Mallory | 马洛里 | 恶意攻击者(malicious attacker) |
| Oscar | 奥斯卡 | 站在对立面(opposite)的人，同样为恶意攻击者 |
| Pat | 帕特 | 可以提供证明服务的证明者(prover) |
| Steve | 史蒂夫 | 具有隐写术(steganography)技术的参与者 |
| Trent | 特伦特 | 通信中可以信赖的第三方仲裁者(trusted arbitrator) |
| Victor | 维克托 | 验证者(verifier)，与 Pat 一起证实某个事情是否已实际进行 |
| Walter | 沃特 | 看守人(warder)，保护 Alice 和 Bob |
| Zoe | 佐伊 | 通信过程中的最后一位参与者 |

(来源：刘巍然《密码了不起》)

# 信息安全的基本原则

### 最易渗透原则（**Principle of Easiest Penetration**）

一个入侵者总是企图利用任何可能的入侵手段。这种入侵不一定采用显而易见的手段，也不一定针对防御最严密的地方。

### 适度保护原则（**Principle of Adequate Protection**）

信息资源在失去其价值之前必须被保护。它们被保护的程度与它们的价值是相称的。

### 有效性原则（**Principle of Effectiveness**）

控制必须被使用（而且被正确使用）才有效。它们必须是高效的、容易使用的和适当的。

### 最弱环节原则（**Principle of Weakest Link**）

整体安全不会强于其最弱的环节。不论是防火墙的电源，或是支持安全应用的操作系统，或是规划、实现和管理控制的人，只要所有控制中的任何一个失败了，整体安全就失败了。

# 附录 C

# 信息技术的 5 次革命

人类的进化史同时也是人类信息活动的演进史。在人类文明不断前进的过程中,每隔一段时间都会出现或大或小的信息技术变革。其中有 5 次尤为特殊,它们对人类社会的发展产生了超乎想象的巨大推动力,带来了飞跃式的进步。这 5 次信息革命分别是语言的突破、文字的诞生、印刷术的出现、电磁波的应用以及计算机的发明。

## C.1 语言的突破

动物之间交流信息的方式主要有 3 种:动作、气味和声音。当然,也有一些动物不走寻常路,比如,萤火虫能用腹部末端发光来联络同伴。据考证,早在几百万年前,人类的老祖先——南方古猿①就通过肢体动作、自身气味和各种叫声进行沟通协作了,这和许多其他动物(包括所有的猿类和猴类)几乎没有什么区别。然而,大约 7 万年前,生活在东非的一种智人突然脱颖而出,迈开征服世界的步伐,他们迅速扩张到全球各个角落,把其他古人类赶出了历史舞台。智人胜出的秘诀究竟是什么呢? 目前来说,比较令人信服的答案是:因为他们有独特的语言。

一方面,人类的语言最为灵活,表达尤为丰富。虽然人类只能发出有限的声音,但组合起来却能产生无限多的句子,各有不同的含义。于是,人类就能吸收、储存和沟通惊人的信息量,并通过语言间接地了解周遭的世界。虽然猴子也能够向同伴大声叫喊,表达类似"小心! 有狮子!"的意思。但人类能够告诉同伴:出了山洞往北走,大约 20min 之后就能看到一个小池塘,就在刚才,池塘附近有一群狮子正在跟踪一群羚羊。而且,他还能确切地描述出狮子和羚羊的数量,或者今天的天气情况如何。有了这些信息,大家就能一起讨论:应该召集多少人,什么时间过去,如何把狮子赶走,让羚羊成为自己的囊中物。

另一方面,人类的语言是一种"八卦"的工具,可以描述我们自己。作为一种社会性动物,沟通合作一直是人类得以生存和繁衍的关键。所以对于个人来说,光是知道外界环境是不够的,更重要的是要知道自己的部落里谁跟谁有仇,谁跟谁好上了,谁特别能干,谁老是胡说八道……就算只是几十个人,想随时知道他们之间不断变动的关系状况,相关信息的数量已经十分惊人了。大约在 7 万年前,智人的语言能力取得了突破,让他们能够持续"八卦"达数小时之久。通过这些闲话,他们可以理顺部落成员之间的各种关系。于是部

---

① 南方古猿是人科动物的一个已灭绝的属,是正在形成中的人的晚期代表,生存于距今大约 550 万年前至 130 万年前。

落的规模就能够扩大，而智人也能够发展出更紧密、更复杂的合作形式。

　　然而，社会学研究指出，借由"八卦"维持的最大自然团体大约是 150 人，即著名的"邓巴数字①"。只要超过这个数字，大多数人就无法真正深入了解和"八卦"所有成员的生活情形。直到今日，人类的群体还是继续受到这个神奇的数字影响：只要在 150 人以下，不论是 30 人的一个班级、60 人的一个家族企业还是 100 人的一个社会团体，靠着大家都认识、彼此互通消息就能够运作顺畅，而不需要规定正式的阶层、职称、规范。一旦约越过了 150 人的门槛，就有了质的变化。很多成功的家族企业在规模小的时候并没有董事会、职业经理人或会计部门；后来规模逐渐扩大，雇佣的人员越来越多，就会陷入危机，不得不彻底重组，才能继续成长下去。

　　那么，我们人类是怎么跨过这个门槛数字，最后创造出了有成千上万人的城市和国家的呢？这里的秘密很有可能就在于人类善于通过语言虚构故事，传达一些根本不存在的事物的信息。不论是人类还是许多其他动物，都能通过大叫提醒同伴："小心！有狮子！"但只有人类能够说："狮子是我们部落的守护神。"我们没法劝一只狮子舍弃口中的羚羊，不要制造杀孽；但是人类会相信"放下屠刀，立地成佛"，或者向上帝祷告，祈求升上天堂。猴子抢走了游客的挎包挂在树上，没有任何不安；但人类拿走了别人的东西就会对可能面临的制裁惴惴不安，或者良心上有所愧疚。可以说，无论是神灵、天堂，还是法律、正义，这些概念都只是存在于人类的想象之中，都是虚构的故事。

　　虚构故事的意义不只在于让人类能够拥有想象，更重要的是可以让人类一起想象。就算是大批互不相识的人，只要同样相信某个故事，就能合作。比如，教会的根基就在于宗教故事。两个素未谋面的天主教徒能够一起参加十字军东征或者一起筹措资金建医院，原因就在于他们同样相信上帝的创世纪和基督的故事。经济体系也根植于资本故事。两个远隔万里的企业家，只要相信市场的调节作用和私有财产不可侵犯，就能够一起创办跨国公司或者一起投资炒股。正由于大规模的人类合作是以虚构的故事作为基础的，所以只要改变讲述的故事，就能改变人类合作的方式。比如，18 世纪的启蒙运动把人们相信的故事从"君权神授"变为"天赋人权"，于是法国大革命紧接着就爆发了。

　　可以说，语言不仅使沟通更加便利，而且使人类的信息活动从具体走向抽象。我们的祖先借此编织出极其复杂的故事网络，也因而发展出许许多多的行为模式，而这正是所谓"文化"的主要成分，是人与动物的根本区别之一。正如德国社会学家马克斯·韦伯所说的："人是悬挂在自我编织的意义之网上的动物。"总之，语言的突破可以说是信息技术的首次革命，对人类的发展影响巨大，与火的使用同样重要。

　　不过，人类的语言需要面对一个能听见、能理解的同类时才有效。如果我面对的是不能进行语言交流的对象（比如聋哑人），或者由于时间和空间的原因无法接触的对象（比如远方的人或者百年之后的子孙），又如何用语言与之交流呢？可见，直接的口头交流还是有其内在的局限性的。更为不幸的是，即便有人来咨询我一些我以前亲身经历的事情，我可能已经

────────────

　　①　邓巴数字也叫 150 定律（Rule of 150），由英国牛津大学的人类学家罗宾·邓巴在 20 世纪 90 年代提出。该定律根据猿猴的智力与社交网络推断出以下结论：人类智力使人类能够拥有稳定社交网络的人数是 148 人，四舍五入为 150 人。

无法准确地回忆当时的情景。毕竟，大脑在形成长时记忆[①]的过程中，不自觉地进行了详略整理和信息加工，此外还一直伴随着遗忘。而且在他人分析并存储我的叙述时，会受到其个人发展与生活环境的影响，融入他自己的理解和想象。这就像孩子们爱玩的"土电话"游戏一样，传话的效果只会越来越走样。如图 C.1 所示，当大家轻声细语，一个人一个人地往下传话时，他们在传给下一个人时已经对听到的话进行了一番"添油加醋"了。这导致的结果就是，队伍中最后一人说出的话往往与最先传出的原话风马牛不相及。

图 C.1　多人传话的谬误

## C.2　文字的诞生

如何让信息传递能够跨越空间的距离和时间的长河，并保持稳定不变？办法就是把信息活动的记录从大脑转移到一些外部"存储器"上，比如绘画。这种古老的信息记录形式可以追溯到 3 万多年前世界各地的洞穴里，主题经常是动物和猎人，如图 C.2 所示。随着时间的推移，绘画被用于记录生活中的一些场景，从而保存了人类的经验。同时，绘画也记录了社会中的重要事件：战争的胜利或失败，财富的增加或损耗，灾害（洪涝、瘟疫）的产生或消退。

图 C.2　法国肖维岩洞中的史前壁画（大约 3.6 万年前）

---

① 长时记忆(long-term memory)是指存储时间在一分钟以上的记忆，一般能保持多年甚至终身。它的信息主要来自短时记忆阶段加以复述的内容，也有由于印象深刻一次形成的。长时记忆的容量似乎是无限的，它的信息是以有组织的状态被存储起来的。

　　这种艺术化的信息记录有与生俱来的缺陷：首先，它不仅耗时而且昂贵，艺术家不得不苦干很长一段时间，才有可能创造出这些令人印象深刻的艺术作品；其次，绘画只善于捕捉某个永恒的瞬间，比如一场战役的关键时刻，但要描绘整个战争如何开始并逐步结束就非常困难了，而且故事的大部分细节还要观看者去想象；最后，抽象的观念或者思想，比如勾股定理或者万有引力定律，都很难用绘画表现，如果用具体的场景影射（比如直角三角形或者下落的苹果），将会产生很多种不同的解释，可能会造成令人无法忍受的歧义性。

　　由于绘画的这些固有缺点，人类的祖先便去寻求其他方法以构建外部的信息记录。尤其是那些专注于生产、贸易与管理的组织，想要拥有一种能够简便、精确地存储与提取信息的方法，这就导致了文字的诞生。让人非常诧异的是，古代的官僚主义与会计人员正是促成因素。例如，公元前 3500 年左右，居住在美索不达米亚南部的苏美尔人已经超越小的村庄形态，形成了更大的群体。为了记录账目与存货，便有人在黏土泥板上刻印小的凹痕进行信息存储。如图 C.3 所示，目前找到的人类祖先留下的最早的文字是一份财务记录："29 086 单位大麦 37 个月库辛①"，最有可能的解读是："在 37 个月间，总共收到 29 086 单位的大麦。由库辛签核"。这些早期的象形文字，最终逐渐形成了书写，使得早期苏美尔人的楔形文字成为第一种广泛应用的书面语言。大约在同一时期（公元前 3000 年），埃及也出现了类似的象形文字。而几个世纪之后，在东亚的黄河岸边产生了更为成熟的象形文字——甲骨文，并随着中华文明一直流传下来，衍生出今天的汉字。

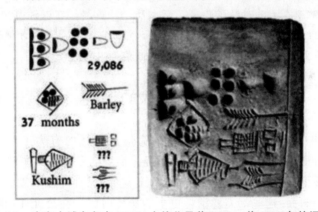

图 C.3　来自古城乌鲁克（Uruk）大约公元前 3400—前 3000 年的泥板

　　文字的诞生是信息技术的一个巨大变革，因为一旦书写被大家所知并确立下来，人类的经验与知识就能够被存储在人类的头脑之外，并能够随意准确地进行提取。它记录了复杂的灌溉和耕种流程，流传开来，并进一步促进了广泛的贸易；它降低了征税、行政命令和军事决策的信息管理难度，从而促进了国家的诞生；它让科学技术的传承和发展更加容易，使得复杂的结构与了不起的建筑成为可能，比如埃及金字塔、雅典卫城以及中国的长城和故宫。

---

　　① 这里的"库辛"可能是当时的某个职称，也可能是某个人的名字。如果真是后者，他可能是史上第一个留下名字的人。而不像"山顶洞人""尼安德特人"这样后人命名的代号。

## 文字的载体——从龟甲到纸张

文字的使用当然离不开记录和传播文字的载体。早期各个文明采用的方法大致相同,都尝试过陶器、青铜器、树叶、兽皮、骨头、石碑等。比如,在中国河南的殷墟出土了大量记录商朝政治、军事的文献,全都刻在龟甲与兽骨上,所以命名为甲骨文;亚述帝国的末代国王巴尼帕喜欢在征服的城市中搜集能够看到的所有文字材料,这些文本大都整齐地存储在成千上万个粘土块上;统治亚历山大港(今埃及)的托勒密家族诱使精英知识分子从遥远的地方慕名而来,从而获取他们携带的各种记录文字的莎草纸卷轴,打造出当时世界上最大的图书馆。

不管是刻在龟甲和石碑上还是铸在青铜器上,高昂的费用使得早期的文字只能局限于上流社会使用。直到中国的春秋时期,一种新的文字载体开始登上了历史舞台,文字才得以广泛流传和使用,那就是被视为文字平民化的使者的竹简。作为一种廉价、轻便的文字载体,竹简流行了 800 多年之久,直至魏晋时期,才随着纸张的推广逐渐退出历史舞台。东汉时期,蔡伦在总结以往造纸经验的基础上革新了造纸工艺,并于公元 105 年进献给汉和帝,得到了皇帝的赞赏,并诏令天下使用推广。此后没过多久,造纸术就传入了与我国毗邻的朝鲜和越南,随后又传到了日本。大约 8 世纪前后,造纸术又沿着丝绸之路传到了中亚,后来经过阿拉伯传到了欧洲和非洲,欧洲人又带着纸张踏上了新大陆——美洲。可以说,1900 多年以来,纸这种媒介已经深入到人类生活的方方面面,它让书写变得更加方便快捷,极大地促进了各地的文化交流和教育普及,加速了世界文明的进程。

# C.3 印刷术的出现

文字的诞生和造纸技术的改进让书籍成为信息传播的有力工具。但书籍非常昂贵——它们都是万中选一的,而且每本书都是经过训练的专业人员辛辛苦苦手工制作的。最勤奋的抄写员在他们的一生中也仅能制作几十本书,况且许多手工制作的书籍包含丰富的插图和华丽的封面,这些都需要消耗更多的额外时间。在公元 15 世纪开始之前,剑桥大学的图书馆总共只有 122 本藏书,经过长达半个世纪的努力,这一数量才增加到 330本。手工抄书不仅费时费事,而且容易抄错、抄漏,既阻碍文化的发展,又给文化的传播带来不应有的损失。

印章和石刻给印刷术提供了直接的经验性启示。印章在先秦时就存在了,一般只有几个字,表示姓名、官职或机构。印文均刻成反体,有阴文(凹下的文字)和阳文(凸起的文字)之别。在纸没有出现之前,公文或书信都写在简牍上,写完用绳捆好,在打结处填进胶泥,然后将印章盖在泥上,称为泥封。可以说,泥封就是在泥上印刷,这也是当时的一种保密手段。纸张出现之后,泥封演变为纸封,即在几张公文纸的接缝处或公文纸袋的封口处盖印。据记载,在北齐时(公元 550—577 年)有人把用于公文纸盖印的印章做得很大,就很像一块小小的雕刻版了。

雕版如图 C.4 所示。雕版印刷的原理是:在一定厚度的平滑的木板上,粘贴抄写工整的书稿,薄而近乎透明的稿纸正面和木板相贴,字就成了反体,笔画清晰可辨。雕刻工人用刻刀把版面没有字迹的部分挖去,就成了字体凸出的阳文(和字体凹入的碑石阴文截然不同)。印刷的时候,在凸起的字体上涂上墨汁,然后把纸覆在它的上面,轻轻拂拭纸背,字迹就留在纸上了。到了宋朝,雕版印刷事业发展到全盛时期。雕版印刷对文化的传播起了重大作用,但是也存在明显缺点:第一,刻版费时费工费料;第二,大批书版存放不便;第三,有错字不容易更正。

**图 C.4 雕版示例**

北宋平民发明家毕昇总结了历代雕版印刷的丰富的实践经验,经过反复试验,在宋仁宗庆历年间(公元 1041—1048 年)制成了胶泥活字,实行排版印刷,完成了印刷史上一项重大的革命。毕昇的方法是这样的:用胶泥做成一个个规格一致的毛坯,在一端刻上反体单字(笔画突起的高度像铜钱边缘的厚度一样),用火烧硬,成为单个的胶泥活字。为了适应排版的需要,一般常用字都备有几个甚至几十个,以备同一版内重复的时候使用。遇到不常用的冷僻字,如果事前没有准备,可以随制随用。毕昇的胶泥活字版印刷术,如果只印两三本书,并不算省事;但要印成百上千本不同的文献,工作效率就极其可观了,不仅能够节约大量的人力物力,而且可以极大地提高印刷的速度和质量,比雕版印刷要优越得多。活字版印完之后可以拆版,所以活字可重复使用,且活字比雕版占有的空间小,容易存储和保管。

大约公元 1450 年的时候,德国人约翰内斯·古登堡在欧洲发明并推广了铅活字版机械印刷机(现代铅活字如图 C.5 所示)。从此,印刷厂开始大批量地生产娱乐作品,以及希腊与罗马经典书籍,还有相对较少的宗教典籍。在 1453—1503 年这 50 年间,大约 800 万本书被印刷出版,可能比 1250 年君士坦丁堡建城以来欧洲所有抄写员制作的书籍还要多,产出的书籍增长了令人瞠目结舌的 25 倍!到了 1574 年,一位出版商将马丁·路德翻译的《圣经》出版了 10 多万册,供人们在家中与小型社区中大声朗读。人们终于可以不依赖收费高昂且腐败

**图 C.5 铅活字示例**

的教会机构,直接聆听上帝的教诲。由于古登堡印刷术的推广,仅仅几十年的时间,教会就彻底失去了对信息的掌控。而此前的中世纪,它禁锢了人们的思想长达千年之久。

书籍和报纸的普及提高了人们的识字率,反过来又扩大了书籍和报纸的需要量。此外,手工业者从早期印行的手册、广告中发觉印行这类印刷品可以名利双收。这样又提高了他们的阅读和书写能力。很多例证说明,印刷术帮助一些出身低微的人们提高了他们的社会地位,比如在早期德国的教会改革中就有出身鞋匠和铁匠家庭的教士和牧师。这充分说明印刷术能为地位低下的人提供改善社会处境的机会。

总之,印刷术的出现是人类文明史上的光辉篇章。一方面,印本的大量生产,使书籍留存的机会大为增加,减少了抄本因为有限的复本量而被湮灭的可能性;另一方面,印刷使得书籍的形式日渐统一,而不是像从前抄写员那样各随所好,使读者养成一种有系统的思想方法,并促进各种不同学科组织的结构方式得以形成;最重要的是,印刷促进了教育的普及和知识的推广,书籍价格便宜,使更多人可以获得知识,因而影响了他们的人生观和世界观。

# C.4　电磁波的应用

18 世纪末,继詹姆斯·瓦特改进蒸汽机以来,引发了各国对科学技术的普遍关注。但由于当时正处于农业社会,地域间、国家间的相对封闭影响了信息的广泛交流,从根本上阻碍了世界的整体进步。

19 世纪初,人们经过长期研究,发现了电磁波可以运载信息。1837 年,美国的萨缪尔·莫尔斯通过试验,发明并建成了电报线路,7 年后正式开通了有线电报通信业务。1876 年,英国科学家亚历山大·贝尔又发明了电话,并创建了贝尔电话公司(AT&T 公司的前身)。到了 1895 年,意大利的伽利尔摩·马可尼在赫兹实验的基础上进行了25km 无线电报的传送,并在 4 年后让无线电信号跨越了英吉利海峡。1901 年,远隔大西洋 3200km 距离的无线电报试验又获得了成功。无线电报的发明是人类利用电磁波传递信息的一个巨大成就,它把世界各国的距离都拉近了。

1906 年,美国物理学家费森登首次在波士顿一座 128m 高的无线电塔上进行了一次广播,让大西洋航船上的船员听到了从美国陆地上传来的音乐。1919 年,第一个播送语言和音乐的无线电广播电台在英国建成。此后,无线电广播事业在世界各地得到普及,并从中波扩展到短波、超短波,从调幅扩展到调频、脉冲调制等,直至可以进行远距离的现场直播。

1929 年,经过长时间的艰苦奋斗和无数次失败之后,英国科学家约翰·洛吉·贝尔德终于用电信号将人的形象搬上屏幕。之后,英、美先后开始了试验性的电视广播,20 世纪中叶,电视广播陆续在世界各地得到发展。从此以后,不仅是语言信息和文字信息,同时也包括音响信息和图像信息,都可以通过电视进行广泛的传播和交流。

1957 年,苏联人造地球卫星上天,它迎来了全球通信时代的到来。1963 年,美国把"辛康"2 号射入距离地球 35 800km 的同步轨道,成为第一颗定点通信卫星。与此同时,20 世纪 60 年代初,美国物理学家西奥多·梅曼研制成功了第一台激光器——红宝石脉

---

冲激光器。不到一年时间,第一个连续激光器——氦氖激光器又研制成功了。从此,用于信息技术的电磁波谱从无线电频段扩展到光频段。此时,美国华人物理学家高锟博士首先提出用高纯度的玻璃纤维代替导线,用光代替电流,从而实现长距离低损耗的激光通信理论。20 世纪 70 年代,光纤通信技术研制成功并进入实用阶段,这一成果使得全球通信容量扩大了 10 亿倍。

电磁波理论的具体应用不断取得重大成就,包括无线电技术、微波技术和光波导技术的成就,遂使电磁波上升为人类传递信息的最为重要的形式和手段。它使通信、广播、电视、遥控、遥测、遥感、雷达、无线电导航等得以实现,并进一步使电磁波成为人类探索宇宙宏观世界和物质微观世界的重要途径。

电磁波的发现和利用,使人们获得信息的能力得到了极大的拓展,同时也推动科学技术更加迅猛地发展,这便是人类历史上第四次伟大的信息技术革命。这次信息技术革命的成果推动了工业社会的全面革新,使世界生产力体制发生了质的变化,即由原来的"生产—技术—科学"转变为"科学—技术—生产"。这种革命性的变革使人类文明的进程在短短几十年的时间内超越了以前几个世纪,同时也为下一次信息技术革命的到来做好了先导准备。

## 无线电话及其网络的演进

在过去的十几年里,移动电话技术已经从简单的专用便携设备发展成为复杂的多功能手持式计算机。第一代无线电话网络通过空气传输模拟语音信号,与传统的电话系统非常相似,只是没有穿墙而过的铜线。人们把这些早期的电话系统称为 1G 网络,即第一代网络。第二代(2G)无线电话网络使用数字信号对语音进行编码,能够更高效地使用无线电波,还能够传输其他种类的数字数据,如文本消息。

第三代(3G)无线电话网络提供了更高的数据传输速率,支持手机视频通话和其他带宽密集型活动。4G 网络目标包括更高的数据传输速率和一个使用 IP 完全进行分组交换的网络,集 3G 与 WLAN 于一体,并能够快速传输数据、高质量、音频、视频和图像等。作为第五代移动通信网络,5G 网络传输速度是 4G 网络的数百倍,一部超高画质的电影可在 1s 内下载完成。随着 5G 技术的诞生,用智能终端分享 3D 电影、游戏以及超高画质(Ultra High Definition,UHD)节目的时代已向我们走来。

# C.5　计算机的发明

20 世纪下半叶,新领域的重大突破、学科间的碰撞交叉、艺术与技术的相互融合、文化氛围的不断创新、区域经济的全球联系、世界格局的多极演变……各种意想不到的新事物、新概念、新形势层出不穷,使人目不暇接。人类社会经历了巨大变迁,生产力得到了翻天覆地的发展。在此背景下,轰轰烈烈的人类社会第五次信息技术革命爆发了。

1946 年,在美国科学家的努力下,世界上第一台通用电子计算机 ENIAC 宣告诞生。

该机占地面积 $140m^2$，重达 30 多吨，每小时耗电 $140kW$，运算速度为 5000 次/秒，它能按照事先编好的程序自动地进行计算。自 20 世纪 50 年代开始，电子计算机逐步从军用走向民用，进入工业生产阶段。到了 20 世纪 80 年代，个人计算机(Personal Computer，PC)的出现让计算机从工厂和公司走入了千家万户。

很难想象，从第一台电子计算机诞生至今，不过短短 70 余年。它发展得如此之快，应用如此之广，早已超出了当年所有人，包括当年计算机领域的顶尖科学家最大胆的想象。历史上其他重大发明，比如轮子和瓷器，从出现到完善再到广泛应用，通常需要上百年甚至更长时间。但是计算机只用短短一两代人的时间就完成了这个过程，而且让人们对它产生如此之大的依赖，不得不说是人类文明史上的奇迹。

## 计算机的更新换代

第一代计算机采用机器指令或汇编语言，以电子管为主要元件，其缺点是体积大、能耗高、运算速度慢、存储量小、可靠性差，并且制造成本昂贵。即使如此，人类还是依靠它把人造卫星送上了天。

第二代计算机以晶体管构成基本电路，内存改用磁心，外存大量应用磁盘，运用了算法语言和编译系统，运算速度每秒可达数百万次。和第一代计算机相比，其体积、重量、耗电量、造价等大为减少。

第三代计算机采用中小规模集成电路，已经配有操作系统，比如广泛使用的小型机，有了终端与网络，运算速度每秒可达千万次。

第四代计算机采用大规模集成电路，即在一块几平方毫米的芯片上集成几千到几十万个元件，这就使计算机的体积进一步缩小，耗电量进一步降低，可靠性进一步提高，从而出现了每秒达数亿次运算的高速度大容量计算机。

20 世纪 80 年代以后，第五代计算机开始研制生产，并向巨型化、微型化、多媒体和超媒体化方向发展。作为一个信息采集、存储处理、通信和人工智能结合在一起的信息智能系统，在互联网时代，计算机的功能由单独运行上升为团体合作，由简单数据处理上升到深度知识挖掘，由计算速度的量变上升到智能运作的突变，成为名副其实的"电脑"。

今天，计算机的功能早已超越了科学计算，它的式样也远不止常见的台式机、笔记本电脑和智能手机，而可以是一个大机柜、一块电路板或者一颗小小的芯片。计算机存在于城市和家庭中的每一个角落，而且从城市公共基础设施到飞机、火车和汽车等交通工具，从商场、银行的业务系统到各种家用电器，或多或少都是由计算机控制的。计算机已经成为现代社会生活中不可或缺的一部分了。

计算机不仅遍布于人们的四周，甚至还在很多人的身体里。比如智能假肢，又叫神经义肢，在科幻电影里很是常见的。医生可以把它与人体自身的神经系统连接起来，让智能假肢内部的芯片接收人类大脑的指令，进而控制机械装置替代人体缺失的躯体部分。又如，智能心脏起搏器也是一台功能颇为齐全的计算机，不仅可以记录患者全部的心电图数据和其他有关心脏活动的数据，还具备较强的学习功能，可以根据携带者每日的活动情况自行调节心跳速度。对于携带者来讲，智能的假肢和心脏起搏器其实已经成为身体的一部分,它能辅助甚至取代病人的部分器官,延续病人的生命,提升病人的生活质量。可以想象,将来人们的身体内或许会植入更多的计算机,到那时,可能很难说清楚我们是肉体的人还是"机器人"。

计算机技术的发展一直在推动着生产生活中绝大多数相关领域的信息技术革命。我们现在已经进入一个进行信息生产、知识生产和智能生产的全新时代。计算机的发展和应用已不单纯是一种科学技术现象,更是一种政治、经济、军事和社会的整体现象。可以预料,计算机还会以更快的速度向前发展,其规模将向全球网络化、纵深化推进,其技术将向超导化、生物化和量子化迈进。这些目标一旦实现,整个社会的信息化水平又会出现一次重大的飞跃,人类社会的文明程度必定会进入一个史无前例的高度。

# 附录 D

# 网络服务的两种模式

第 7 章提到过的浏览网页、发送电子邮件、传输文件都是互联网上最常见的服务。围绕着这些服务，可以从逻辑上把计算机分为两类——提供服务的服务器端和接受服务的客户端。它们的服务模式也可以分为客户/服务器模式和对等模式。

## D.1 客户/服务器模式

客户/服务器(Client/Server，C/S)这种模式是最传统的，也是在互联网上最常见的。其主要特征是：客户是服务请求方，服务器是服务提供方。如图 D.1 所示，主机 A 运行客户端程序，而主机 B 运行服务器端程序。在这种情况下，A 是客户而 B 是服务器。客户 A 向服务器 B 发出请求服务，而服务器 B 向客户 A 提供服务。

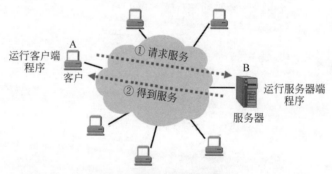

图 D.1　客户/服务器模式

一般来说，客户端程序不需要特殊的硬件和复杂的操作系统。比如，浏览器在任意一台普通配置的 PC 或手机上都可以安装，然后就可以发起请求并得到万维网服务(Web 服务)。服务器端程序是一种专门用来提供某种服务的程序，可同时处理多个远地或本地客户的请求，比如提供万维网服务(Web 服务)的 Apache，虽然也可以用于在普通 PC 上搭建网站，但是考虑到服务质量(同时服务大量客户、响应服务时间短)和稳定性(系统启动后即自动调用并一直不断地长时间运行)，所以需要的硬件和系统软件的配置相对较高。

一些书里还提到了浏览器/服务器(Browser/Server，B/S)模式，其实它仍然属于 C/S模式。只不过一般的 C/S 模式需要针对每一种服务安装专门的客户端程序，比如 QQ 客户端、魔兽世界客户端、优酷客户端等。而作为一种特殊的 C/S 模式，B/S 模式只需要安装浏览器即可，也就是说用浏览网页的方法搞定很多不同的服务。由于它可以统一客户端软件,简化了各种服务的软件开发、系统维护和用户操作,所以很多通信软件、游戏软件都发布了网页版。

# D.2 对等连接模式

对等连接(peer-to-peer)是指两个主机在通信的时候并不区分服务请求方和服务提供方。只要两个主机都运行了对等连接软件(P2P程序),它们就可以进行平等的通信。如图 D.2 所示,主机 C、D、E 和 F 都运行了 P2P 程序,因此这几个主机都可以进行对等通信(如 C 和 D、E 和 F 以及 C 和 F)。

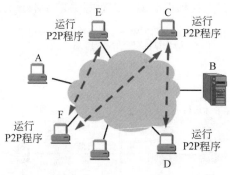

图 D.2　对等连接模式

实际上,对等连接模式从本质上看仍然是客户/服务器模式,只是对等连接中的每一个主机既是客户又是服务器。比如,对于主机 C 来说,当 C 请求 D 的服务时,C 是客户,D 是服务器;但如果 C 又同时向 F 提供服务,那么 C 又同时起着服务器的作用。

自从能够提供视频、音频服务后,互联网的用户开始急剧增长。很多用户上网的目的就是更快、更方便地下载视频、音频文件。这也导致数量有限的媒体服务器经常工作在过负荷状态,甚至直接瘫痪。而 P2P 这种工作模式不需要使用集中式的服务器,正好可以解决传统媒体服务器可能出现的瓶颈问题。

P2P 技术最早出现在 1999 年,美国东北大学的一年级新生肖恩·范宁编写了一个叫Napster 的程序,可以用来在网上免费下载 MP3 音乐。在最高峰时 Napster 拥有 8000 万个注册用户,这让它成为因特网上最流行的 P2P 应用,同时也推动了 MP3 成为网络音乐事实上的标准。

运行 Napster 的用户都要及时报告自己存有哪些音乐文件,这些文件信息(即文件名和相应的 IP 地址)都会在 Napster 的目录服务器中集中管理。当某个用户想下载某个MP3 文件时,就向目录服务器发出询问,检索出存放这一文件的 PC 的 IP 地址,然后从中选取一个地址开始下载。可以看出,虽然 Napster 的文件传输是分散的,但文件的定位(目录服务器)是集中的,这成为其性能的瓶颈。而以 Gnutella 为代表的第二代 P2P 文件共享程序采用了全分布方法定位内容,避免了使用集中式的目录服务器。

后来的 BT(BitTorrent)、电驴(eDonkey)和 KaZaA 属于第三代 P2P 文件共享程序,它们结合了分散传输和分散定位技术以进一步提升共享效率。如图 D.3 所示,BT 把每一个文件都划分为许多文件片段,这样一来,用户无须从一个地方下载整个文件,而是可以同时从很多地方(比如几十个不同的计算机)下载同一个文件的不同文件片段,只要每个文件片段都正确下载,最后就一定可以拼出完整无误的文件。值得注意的是,用户在下载文件的同时也在将自己本地下载的完整的文件片段上传。所以,下载的用户越多,实际上传的用户也越多,所有用户下载得就越快,这就有了"下载的人越多,下载的速度越快"的说法。

BT 不使用集中式的目录服务器,而是采用 BT 文件(种子文件)确定下载源。BT 文件后缀名为.torrent,容量很小,通常是几十千字节。这个文件里面存放了对应的发布文件的描述信息、该使用哪个 Tracker(记录下载用户信息的服务器)、文件的校验信息等。BT 客户端通过处理 BT 文件找到下载源并进行相关的下载操作。

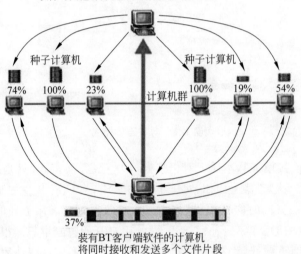

图 D.3　BT 下载的原理

# 附录 E

## "世界头号黑客"凯文·米特尼克

    1983 年,好莱坞制作的电影《战争游戏》上映,这是世界上第一部黑客题材的电影。影片讲述了一个 15 岁的少年黑客通过电话线入侵了美国的最高军事基地——北美空中防务系统。基地内的核弹头完全被远在天边的黑客所控制,差点引发第三次世界大战。据称电影并非完全虚构,它来源于一个真实事件。事件的主角就是后来被称为"世界头号黑客"的凯文·米特尼克。

    与大多数天才的故事相似,米特尼克在小时候就展现了超出常人的智商。4 岁时,母亲给他买了一件智力玩具——"滑铁卢的拿破仑",而米特尼克只用了一周的时间就玩到了专家级的水平。12 岁的时候,米特尼克在洛杉矶乘坐巴士的时候发现了管理漏洞,于是采取了他人生中的第一次"黑客行动",用购买的压印器和找到的换乘证实现了免费乘坐巴士。中学的时候,米特尼克向一位同学的父亲学习了如何入侵电话公司的机电系统,并使用计算机控制它。从此,他开始着迷于这类黑客技术,并自学计算机语言与知识,试图用这种电话系统的计算机呼入并控制各种各样的系统。

    高中的时候,米特尼克经常用自己编写的代码入侵学校老师的计算机,并修改他们的计算机密码。在一次入侵另一个学校的网站时,他发现了一名以前经常欺负他的同学的档案,他决定将这个同学的真实面目揭露给大家,于是他把写着性情温和、无不良嗜好的资料改为性情暴躁、有暴力倾向。这个学校发现这件事情以后,在系统中设置了陷阱,查出了米特尼克的行踪,他也因此被学校开除。

    但米特尼克并没有因此停止对计算机网络世界的探索,他自己打工攒钱买了一台计算机,继续自由徜徉在各大公司与政府部门的网络系统之间。虽然家境窘迫,但他从来没有心生恶念,比如将获取的资料高价出售或者四处传播。他只是喜欢挑战,并以此作为自己学习的方式,乐此不疲。

    一次,米特尼克在偶然进入 FBI 的系统后发现,特工们已经将他的资料记录在案,并准备实施逮捕。他很吃惊,并开始了自救计划。在成功破解 FBI 中央计算机系统的密码后,米特尼克每天跟进关于自己的案情进展报告。一段时间后,他发现这些特工的调查并没有取得什么实质性成果,米特尼克便准备用恶作剧嘲笑他们一下。他把几个调查他的特工的资料全部改成了跟他一样的犯罪嫌疑人描述。特工们折腾了一番后,在最新的计算机网络信息跟踪机的帮助下,才找到了米特尼克。他也从此成为历史上第一个被 FBI 抓捕的网络黑客。

    因为那时美国还没有制定有关网络安全的法律法规,而且米特尼克才 16 岁,所以他在被关进少管所后很快又被假释了。米特尼克并未就此收手,他继续通过各种方式进入过 Sun、Novell、DEC、Nokia、Motorola 公司的网络系统,这一系列入侵活动让政府及企业产生了恐慌,他再一次被捕。当他出狱后,他受到了严密的监视,并被禁止从事一切与计算机有关的职业。

尽管如此,FBI 仍对他心有余悸,甚至觉得他只有被关在监狱里才是最安全的,于是买通一些黑客团伙,试图引诱米特尼克再次自投罗网,但米特尼克很快就发现了这个陷阱,并逃之夭夭,与警方开始了"捉迷藏游戏"。1994 年,在他攻入圣选戈超级计算机中心后,计算机中心安全系统负责人下村勉[1]决心配合警方将米特尼克捉拿归案。经过一年的技术博弈后,下村勉通过追踪米特尼克用无线电发出的指令找到了他的藏身地点。

经过周密的布置,米特尼克再次被捕入狱。警方为了尽可能久地关押他,夸大了他的罪行,并声称被他入侵的企业及社会蒙受了上亿美元的损失。在没有受过正式审判的情况下,米特尼克被判处 4 年监禁,3 年监外观察,同时被否决了假释请求。

在监禁期间,世界各地支持他的黑客们发起了一场请求美国政府释放米特尼克的行动。他们声称,如果不释放米特尼克,将通过雅虎网站向世界各地的计算机用户传播病毒。他们还专门建立了一个叫"解放米特尼克"的网站,为他的出狱做倒计时。如此大规模的黑客联合行动在历史上还是第一次。

2000 年,米特尼克获释出狱后,成为一家互联网杂志的专栏作家。2002 年,鉴于米特尼克的良好表现,他提前迎来了自由,并出版了自己的第一本书——《反入侵的艺术》,这本书后来被称作黑客技术的启蒙书籍。一些政府及企业开始请他帮忙测试网络系统的安全性,这使他发现了自己的另一条人生道路。他开始到各地进行网络安全相关的讲座,还成立了自己的咨询公司,"解放米特尼克"网站也成为他的公司的官方网站。

虽然米特尼克并不是世界上技术最厉害的黑客,但他传奇的人生向世界证明了黑客并不一定必然走上违法犯罪的道路。2014 年,他出版了《反欺骗的艺术》,从攻击者和受害者两方面入手,向读者分析了每一种攻击之所以能够得逞的原因以及相应的防护措施。同年,他还出版了一本自传——《线上幽灵》,与读者分享了他的真实故事(图 E.1)。

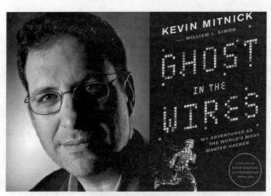

图 E.1    米特尼克与其自传《线上幽灵》

---

[1]    下村勉是日裔美籍计算机安全专家、计算物理学家。他是化学家下村脩的儿子,于 1964 年出生于日本,在美国新泽西州的普林斯顿长大。他曾出版《纪实:追捕美国头号计算机通缉犯——由追捕者自述》。

# 参 考 文 献

[1]  PFLEEGER C P，PFLEEGER S L，MARGULIES J. 信息安全原理与技术[M]. 李毅超，梁宗文，李晓冬，译. 5 版. 北京：电子工业出版社，2016.

[2]  熊平，朱天清. 信息安全原理及应用[M]. 3 版. 北京：清华大学出版社，2016.

[3]  曹健. IT 文化：揭开信息技术的面纱[M]. 北京：清华大学出版社，2018.

[4]  吴军. 数学之美[M]. 3 版. 北京：人民邮电出版社，2020.

[5]  PETZOLD C. 编码：隐匿在计算机软硬件背后的语言[M]. 左飞，薛佟佟，译. 北京：电子工业出版社，2014.

[6]  李忠. 穿越计算机的迷雾[M]. 2 版. 北京：电子工业版社，2018.

[7]  VIEGA J. 安全的神话：计算机安全行业不想让你知道的事[M]. 马松，译. 南京：东南大学出版社，2013.

[8]  吴军. 信息传[M]. 北京：中信出版集团股份有限公司，2020.

[9]  刘巍然. 密码了不起[M]. 北京：北京联合出版公司，2021.

[10]  冯广. 没有硝烟的攻防——网络安全技术与应用[M]. 广州：广东科技出版社，2017.

[11]  彭长根. 现代密码学趣味之旅[M]. 北京：金城出版社，2015.

[12]  STAMP M. 信息安全原理与实践[M]. 张戈，译. 2 版. 北京：清华大学出版社，2013.

[13]  赵燕枫. 密码传奇[M]. 北京：科学出版社，2008.

[14]  李冬冬. 信息安全导论[M]. 北京：人民邮电出版社，2020.

[15]  朱海波. 信息安全与技术[M]. 2 版. 北京：清华大学出版社，2019.

# 图书资源支持

感谢您一直以来对清华版图书的支持和爱护。为了配合本书的使用，本书提供配套的资源，有需求的读者请扫描下方的"书圈"微信公众号二维码，在图书专区下载，也可以拨打电话或发送电子邮件咨询。

如果您在使用本书的过程中遇到了什么问题，或者有相关图书出版计划，也请您发邮件告诉我们，以便我们更好地为您服务。

**我们的联系方式：**

地　　址：北京市海淀区双清路学研大厦 A 座 714

邮　　编：100084

电　　话：010-83470236　010-83470237

客服邮箱：2301891038@qq.com

QQ：2301891038（请写明您的单位和姓名）

**资源下载：** 关注公众号"书圈"下载配套资源。

资源下载、样书申请
书圈

图书案例
清华计算机学堂

观看课程直播